狗狗的健康吃出来

蓝　炯·编著

中国轻工业出版社

图书在版编目（CIP）数据

狗狗的健康吃出来 / 蓝炯编著 . — 北京：中国轻工
业出版社，2025.4

ISBN 978-7-5184-1666-0

Ⅰ . ①狗… Ⅱ . ①蓝… Ⅲ . ①犬 — 动物营养
Ⅳ . ① S829.25

中国版本图书馆 CIP 数据核字（2017）第 257929 号

责任编辑：翟　燕　程　莹

策划编辑：翟　燕　　　　　责任终审：劳国强　　　版式设计：锋尚设计

封面设计：王超男　　　　　责任校对：晋　洁　　　责任监印：张京华

出版发行：中国轻工业出版社（北京鲁谷东街 5 号，邮编：100040）

印　　刷：北京博海升彩色印刷有限公司

经　　销：各地新华书店

版　　次：2025年4月第1版第10次印刷

开　　本：710×1000　1/16　印张：13

字　　数：150千字

书　　号：ISBN 978-7-5184-1666-0　定价：48.00元

邮购电话：010-85119873

发行电话：010-85119832　传真：85119912

网　　址：http://www.chlip.com.cn

Email：club@chlip.com.cn

好食物的标准

　　我家目前一共有六个"毛孩子"：汪星人"留下""小白"和"来福"，以及喵星人"席小小""小花"和"踏雪"，都是收养的"流浪儿"。养这么多"毛孩子"，最怕的就是它们生病。一旦生病，不仅"毛孩子"要吃苦，"家长"也要付出大量的金钱和精力。

　　预防重于治疗。给"孩子们"健康的饮食，是保证它们身体健康的基石，能大大减少它们去医院的次数。如果你非常爱你的狗狗，那么，让它们吃健康的食物，是你能给它们最好的礼物！

　　简单地说，好食物的标准就是：健康，好吃！

　　对于狗狗来说，"吃"几乎是生命中最重要的事情了。所以，对于深爱它们的"家长"来说，除了保证"孩子们"的健康，如何让它们吃得开心，吃得满意，也是很重要的一项任务。

健康，好吃

我的探索之路

20年前，我刚开始养第一只狗"Doddy"的时候，以为狗只吃肉。那时上班忙，我并没有很用心地照顾它，更谈不上研究它的饮食。它的一日三餐基本是由我父亲去菜市场买各种肉的下脚料来煮给它吃。当时刚开始流行颗粒狗粮，但它不爱吃。Doddy基本上没有得过什么病，13岁时因为心脏病而离世。2010年10月1日，我收养了在街头流浪的留下。那时，上海已经有很多宠物用品店，可以买到各种牌子的颗粒狗粮，但我完全搞不清楚该如何选择，也看不懂那些复杂的成分表，更不明白各种颗粒狗粮之间的差别，所以基本上就是以价格适中、听上去名气比较大为选择标准。

不过，因为我本来就爱好厨艺，收养留下不久就买了一本介绍给狗狗做美食的书。那时我已经成为自由职业者了，时间比较多，所以很快就开始热衷于按照书中的食谱亲自动手给留下做各种美食，偶尔才给它吃颗粒狗粮。每次我在厨房给留下做饭时，看到它在一旁翘首企盼的神情，以及每次我放下饭盆后它迫不及待一扫而光并把空饭盆一舔再舔、意犹未尽的样子，我就感觉比自己吃好饭还开心！后来我又阅读了国内外许多犬、猫营养学方面的书籍，了解了狗狗的营养需求之后，我开始脱离菜谱，进入了随心所欲地给"毛孩子们"做饭的境界。

2014年初，我看到了一本对我影响很大的书——汤姆·朗斯代尔（Tom Lonsdale）博士写的《生骨肉促进健康》（*Raw Meaty Bones Promote Health*）。朗斯代尔博士1972年毕业于英国伦敦皇家兽医大学。毕业后，在做兽医的过程中，他逐渐发现商业狗粮对狗狗健康的种种不良影响。于是，从20世纪80年代末开始，他开始致力于生骨肉的研究。

朗斯代尔博士在书中列举的生骨肉对狗狗的种种好处，让我非常动心，于是我很快就开始付诸实践。2014年6月，我开始给家里的"毛孩子们"喂生的鸡骨架。"毛孩子们"闻到鸡骨架时的兴奋劲儿，以及"嘎嘣嘎嘣"啃咬骨头时的满足感，让我由衷地感叹："这才是狗狗真正的食物！没有吃过生骨肉的狗这辈子简直就是枉做狗了！"

从那时候起至今，我一直给家里的"毛孩子们"喂自制狗饭和生骨肉。在这个过程中，也遇到过不少问题。在边看书、边实践、边犯错、边纠正的过程中，我获得了许多宝贵的经验，了解了为什么会发生这些问题、该如何避免，总结出了适合家里每个"毛孩子"的食谱。

朗斯代尔博士在书中还用大量篇幅介绍了商业狗粮对狗狗健康的害处。后来我又在其他很多国外的书中看到了对商业狗粮的同样批判。商业狗粮中的膨化狗粮（即我们现在最常见的颗粒狗粮）1957年在美国问世，到现在已经经历了60年的时间。在西方，宠物狗的数量又特别多。这样的一个时间和数量已经足以反映出颗粒狗粮对狗狗健康的影响。所以，在西方，人们对颗粒狗粮已经从最初的狂热逐渐趋于冷静，开始慢慢意识到它的害处。而中国的宠物食品行业还处于发展的初级阶段。人们用颗粒狗粮来喂宠物狗也就20来年的时间，差不多只有一代半狗的时间。所以，**现在大部分的宠物狗主人还完全不知道颗粒狗粮对狗狗健康的害处**。由于受宠粮制造商的影响，甚至连绝大多数的宠物医生都认为颗粒狗粮是狗狗最好的食物。看了朗斯代尔博士的书以及其他的一些相关书籍之后，加上生活中遇到的一些长期吃颗粒狗粮最后却患上各种疾病甚至过早死亡的狗狗案例，我开始深思：颗粒狗粮真的是狗狗最好的食物吗？

然而，不管怎么说颗粒狗粮毕竟是人类发明的、能够大大节省主人时间和精力的一种产品。所以我也会偶尔用颗粒狗粮来满足它们的胃。于是我开始研究各种颗粒狗粮的品牌、产地以及成分表，终于练出了"火眼金睛"，能一眼判断颗粒狗粮的优劣，从而尽量选择相对比较健康营养的颗粒狗粮作为"毛孩子们"的补充食物。

因为训练的需要，我家的几个"毛孩子"每天都需要吃点零食作为奖励。而宠物店里出售的各种狗零食，几乎都含有令人担忧的、各种各样的添加剂，所以，我很早就开始给"孩子们"研制健康的零食了。

为什么选我

在和我的编辑翟燕女士商量出版这本书的时候，她问了我这样一个问题：现在市场上已经有了几本关于狗狗饮食的书，和这些书相比，您这本书的特点是什么？

我购买并阅读了这些书，还在网上书店查阅了它们的读者评论，我清晰地看到了《狗狗的健康吃出来》和前面这几本书的差别：

1 这几本书几乎都是精美的狗狗食谱。《狗狗的健康吃出来》则不仅仅是一本狗狗美食食谱，而是从健康、方便性以及经济成本的角度出发，全面分析用商业狗粮、自制狗饭、生骨肉以及剩菜剩饭作为狗狗主食的利弊，详细讲解了如何选择优质的商业狗粮、如何自制狗饭、如何用生骨肉喂养以及如何利用剩菜剩饭。既考虑狗狗的健康和营养，又兼顾主人所需要花费的时间、精力和金钱，让主人可以根据自己以及狗宝宝的实际情况，综合前面各种方式来喂养狗狗。

2 我着眼于让中国的"狗妈狗爸们"在了解自制狗饭原则的基础上，能够脱离菜谱，随心所欲地发挥，用最短的时间给狗狗做营养、健康的狗饭。我选用的食材和制作方法都非常常见。这些食谱只是用来抛砖引玉，相信你在学习原理之后，一定能做出更多更好的狗狗饭食来！

3 我在书中重点给大家介绍了许多制作简单、狗狗爱吃的也是最符合狗狗这种食肉动物营养需求特点的零食——各种肉干。制作方法极为简单：只要将肉切好，放到食品烘干机中烘干就行了。制作起来完全没有难度！

4 最后，也是最重要的一点，《狗狗的健康吃出来》秉承了我前一本书《汪星人潜能大开发》的风格，凡事都会告诉读者"为什么"，并附有大量实际案例。例如我们现在经常听到有人说"不能给狗狗吃骨头"。我不会简单粗暴地建议你不要给狗狗吃骨头，而是专门用了一个章节写吃骨头会给狗狗带来哪些危险？吃骨头有什么好处……介绍了几个因为吃骨头不当造成狗狗健康问题的实际案例。我想这样比简单地列一个"狗狗不能吃的食物"清单更为有用。

所以，如果你想知道怎样才能给狗狗提供最健康的饮食，如果你对网上众多相互矛盾的信息感到困惑，那就购买此书吧！

感谢广大因自己的爱犬、爱猫而和我结缘的朋友们，给我这本书提出了大量宝贵建议和意见，尤其要感谢"Kimi爸爸"李文俊先生、"Wanaka及小米的妈妈"Grace小姐，感谢你们在繁忙的工作中抽出时间来仔细阅读本书的大纲和草稿，并给予我最诚恳且富有建设性的意见。

感谢爱宠优粮的创始人弗朗西丝卡·格勒克纳（Franziska Gloeckner）和德国动物营养师卡罗利娜·外斯（Karolina Weiss）给予我的专业建议。

感谢我的挚友和烘焙行家金雅敏女士，对本书中的相关食谱提出了专业的修改意见。

感谢上海万科宠物社区服务中心提供的关于颗粒狗粮和保健品方面的专业信息。

感谢摄影师邱绎夫先生在百忙中为我的"毛孩子们"义务拍摄美丽的照片。

感谢我的老同学、杭州娃哈哈公司的施东先生为我提供饮用水方面的专业知识。

感谢我家的"毛孩子们"以及我的"干儿子""邱邱"，感谢你们一直保持高昂的热情，乐于尝试我提供给你们的各种自制狗饭和零食。

最后，也是最重要的，感谢我已在天堂的父亲蓝蔚天，感谢您培养了我对烹饪的热爱和擅长，让我现在能把它们用在"毛孩子们"的身上。愿您在另一个世界一切安好！谨以此书献给我最亲爱的父亲！

感谢

留下　7岁

　　2010年10月1日深夜在上海中春路地铁站偶遇，现在是家中的"老大"，负责管理其他的2狗3猫，不许任何"人"吵闹。特别热爱学习，会30多项技能，曾荣获上海电视台星尚频道举办的宠物犬比赛"萌宠心计划"第一名。

小白　6岁

　　2014年5月1日被送来训练，等待领养。但一直无人问津，只好发了我家的长期饭票。因为流浪时经常遭受暴力，刚开始时见到人就吓得发抖，现在成为最亲近人的一个，见到任何人都会主动求摸，走在路上经常会被人表扬"好看、可爱"。最热爱家里各个温暖的窝。下雨、下雪、刮风、太冷、太热以及即将下雨下雪的天气，都宁愿在窝里睡觉，不愿意出门受罪。

来福　3岁

　　1岁以前在我住的小区流浪，以"捡垃圾"和吃小区里流浪猫的猫粮为生。跟踪我整整2个月后，于2014年4月1日加入我们温暖的大家庭。永远都吃不饱。睡觉的时候都会竖着耳朵"监听"有什么和食物相关的声音。每次我偷偷给留下吃东西，都会被它听到，它会在几秒种之内出现在我们面前！

席小小　4岁

　　2013年3月1日，眼睛还未睁开的席小小和其他的兄弟姐妹因为妈妈出了车祸而躺在路边嗷嗷待哺，被我带回家中人工喂养。现在的席小小，是家中的"猫老大"，能上山，会爬树，还喜欢吓唬大狗，最爱让我扛在肩膀上兜风。

小花　4岁

　　席小小的同胞姐姐。最喜欢趴在我的腿上取暖。最警惕，每次吃饭前都要四下反复检查，确认没有陌生气味才上桌。

踏雪　4岁

　　席小小的同胞姐姐。最胆小，每次跟着遛狗，一遇到情况就第一个逃回家，然后在院子里"喵呜喵呜"地叫妈妈。最馋嘴，多次一不小心就把自己吃到吐。我和狗狗们吃任何东西它都要来尝一尝。我怀疑它的前世是狗。

以下问题来自各位狗狗"家长"。看看你是否也有同样的困惑呢？别着急，在本书中都可以找到答案哦！

"狗爸狗妈们"最常见的疑问

目　录

狗狗的营养
需求和人类
有何差异

1 狗狗的生理结构和人类的区别

　　狗属于哺乳纲真兽亚纲食肉目裂脚亚目犬科。从这个生物学的分类来看，我们就可以知道，虽然犬类在被人类驯化以后食性发生了改变，具有了杂食性，但归根到底还是食肉动物。

　　狗的生理构造和人类是不同的。它们的爪子和牙齿适合捕杀和撕咬猎物；它们的唾液有很强的杀菌作用，但是不含唾液淀粉酶，不能在口腔内对淀粉进行预分解；它们的胃液呈强酸性，适合消化动物性蛋白质；它们的肠道很短，和食肉类动物接近，这样的肠道便于消化肉类，却不利于消化膳食纤维。

　　因此，狗狗的生理构造决定了它们是杂食性的食肉动物，即营养需求上应以肉类为主，以米饭和蔬菜为辅。

2 狗狗对营养物质的需求特点

2.1 食物中有哪些营养物质

　　食物中的营养物质可以分为蛋白质、脂肪、碳水化合物、维生素、矿物质、水和膳食纤维七大类。其中维生素、矿物质和水可被消化道直接吸收，但蛋白质、脂肪和碳水化合物结构复杂、分子大，不能直接吸收，必须在消化道内分别消化分解成氨基酸、脂肪酸和单糖，才能被身体所吸收。而膳食纤维既不能被身体所消化也不能被吸收利用，但是有帮助排便等作用，也是身体不可缺少的营养物质。

　　蛋白质、脂肪和碳水化合物都是热量的来源，维生素、矿物质和水虽然不提供能量，却是维持生命的必需物质。

2.2 狗狗对营养物质的需求有什么特点

蛋白质　蛋白质分为植物性蛋白质和动物性蛋白质。在野生状态下，犬类主要以兔子等食草动物为食物，即主要摄入的是动物性蛋白质。

因此，犬类的食物应以动物性蛋白质为主。

脂肪　犬类对脂肪的需求量比较低。在野生状态下，犬类所猎食的兔子等猎物没有肥胖的。过多摄取脂肪容易导致肥胖，引发胰腺炎等疾病。

如果食物中缺乏必需脂肪酸，则容易使毛发干枯无光泽，并引起不同程度的皮炎、脱毛以及伤口不易愈合等症状，同时也会影响狗狗的正常生长发育。

碳水化合物　犬类在进化过程中对碳水化合物的需求很少（而猫是绝对的食肉动物，根本不需要摄取碳水化合物）。因此，它们体内所含的淀粉酶（专门用来分解碳水化合物的消化酶）也很少，它们的唾液中则根本就不含唾液淀粉酶（人类的唾液中含有唾液淀粉酶）。如果狗狗从食物中摄取了过多的碳水化合物，那么不能被消化吸收的部分就会在肠道内成为有害细菌的养分，从而造成有害菌的大量繁殖，导致腹泻。

我就遇到过一只金毛猎犬，经常腹泻。我仔细询问后发现，主人常常给它喂食大量白米饭。这就是典型的因为碳水化合物不消化而引起的腹泻。

维生素和矿物质　一般情况下，如果食物中某种维生素或者矿物质缺乏或过量，狗狗不会有太明显的症状。但是如果长期缺乏或者过量，则会导致各种疾病。

膳食纤维

狗狗无法消化大量的膳食纤维。

少量的膳食纤维有助于形成粪便，并使粪便不至于过度干燥。

过多的膳食纤维在狗狗体内会像海绵一样吸收大量水分，并缩短食物在肠道内的停留时间。由于狗狗的肠道较短，来不及消化大量膳食纤维，吸收了大量水分的膳食纤维就会在结肠处发酵，成为有害菌的食物，造成胀气、结肠炎、腹泻、便秘等问题。

膳食纤维含量过高的饮食还会引起钙和某些微量元素的缺乏，并且会造成狗狗排便次数以及排便量的增多，粪便的臭味也较重。

因此，犬类的解剖学特点以及犬类对营养物质的需求特点都决定了它们的饮食必须是以肉类为主的高蛋白质、低碳水化合物和低膳食纤维的饮食，肉类还要注意尽量吃低脂肪的。

3 狗狗健康饮食的标准

狗狗的饮食是否健康，并非单纯地像狗粮制造商所宣传的那样，只要营养均衡就可以了。健康的饮食，应从化学和物理两个角度来评价：

从化学的角度来看

营养要均衡（符合前文"狗狗对营养物质的需求特点"中所描述的营养需求），食物成分要适合狗狗的肠道消化吸收，不含有毒物质。这可能是我们大多数宠物主人平时比较注重的。

从物理的角度来看

健康的食物应该要求狗狗可以通过撕扯、啃咬等动作将食物分解成可以吞咽的小块。通过这些动作可以使牙齿和牙龈组织得到清洁，防止牙结石的形成。撕扯、啃咬的时间越长，清洁越彻底。此外，咀嚼食物能刺激消化液的分泌，有助于消化。同时，在咀嚼的时候，狗狗能够获得比直接狼吞虎咽更多的快感，并能放慢进食的速度，可更好地消化食物。"嚼嚼更健康！"这是非常重要的一点，然而现在却被大多数人所忽视。

说明：以上内容编译自汤姆·朗斯代尔博士的《生骨肉促进健康》

小白在嚼自制咬胶

关于
颗粒狗粮

1 颗粒狗粮八宗罪

由于商家的宣传，现在很多人都认为：科学养狗，就是要给狗狗吃颗粒狗粮（后文简称"狗粮"），因为里面添加了各种营养；不能给狗吃人吃的东西，因为营养不均衡。宠物店的促销人员也会以"狗粮是专业人员研制的，比主人自己做的食物营养全面"为由，强烈建议宠物主人不要给狗狗吃人类的食物。

事实上，所谓狗不能吃人吃的东西，是指不要长期给狗狗喂剩菜剩饭。人的食材，狗狗大部分都能吃。最顶级的狗粮就号称是用人类级别的食材制成的。

况且，如果狗粮那么好，为什么到现在还不见有类似的"人粮"问世呢？现代人那么忙，要是有"颗粒人粮"，不是可以节约我们很多时间吗？我们要相信自己的直觉：如果有这样一种添加了各种营养的"颗粒人粮"，你会天天吃、顿顿吃吗？如果不会，为什么要给狗狗这样吃呢？狗和人类相伴已经有一万多年了，而狗粮的历史不过只有短短的几十年。在狗粮问世之前，从狼演化而来的人类的伙伴——狗，一直是以人类剩余的食物加上自己狩猎得到的猎物为食的。再者，狗粮之所以会受到欢迎，并不是因为发现狗狗吃人类的食物出现了严重的健康问题，而是因为这样的食物对主人来说很方便。

我也经常听许多狗主人说，自己很宝贝狗狗，只给狗狗吃狗粮。还有很多好心的流浪狗救助人，在制定领养标准时都会要求：科学喂养，给狗狗吃狗粮！每次听到这样的话，我就会很着急，颗粒宠粮的坏处太多了！给猫狗吃颗粒宠粮，一点也不科学！它最大的好处是方便！对主人来说方便！

让我们来看看，狗粮到底有哪些问题：

1.1 水分少，容易使宠物患尿路结石

那些本来喝水就很少的宠物，例如猫咪和小型犬很容易因此患上尿路结石。所以，如果你不得不给狗狗吃狗粮，那么一定要观察狗狗喝水的情况，并且鼓励它多喝水。

你可能会说："可是，我家狗狗只要一吃完狗粮，就会自己去喝水。而吃了狗罐头或者自制狗饭之后，喝水反而少了呢。"其实，这样的比较是不正确的。狗粮非常干燥，含水量仅在10%左右，因此狗狗吃完就会觉得口渴。而自制狗饭的含水量在80%左右，因此狗狗吃完不需要立即去喝水。

正确的比较方式是：假设两只狗狗分别吃了100克的狗粮和100克的自制狗饭，那么：

100克狗粮中所含水分为：100克×10%=10克

100克自制狗饭中所含水分为：100克×80%=80克

因此，吃狗粮的狗狗至少要补充80克-10克=70克（毫升）左右的清水才能达到和吃自制狗饭接近的程度。

我的一位热心读者、上海的汤跃老师为我提供了一个典型的案例：她邻居家的一只雄性雪纳瑞从小到大一直吃狗粮。从11岁到13岁，因为膀胱结石开了3次刀，几乎是1年开1刀！开了第3刀之后，主人按照医生的意见开始给它吃泌尿结石专用的处方粮。但是，在坚持吃处方粮4个月之后，狗狗的膀胱内又充满了结石，不得不又开了第4刀！在开了第4刀不久，狗狗的尿结石又复发了！因为年事已高，主人不愿意再给它开刀，就一直导尿（尿结石会引起尿路堵塞，导致闭尿）。状况好的时候每三个星期导一次尿，不好的时候一个星期就要导一次尿。

15岁不到的时候，狗狗因为肾脏衰竭而被安乐死。这只雪纳瑞最大的特点就是喝水少，运动少！！

其实，宠物患尿路结石主要有三个因素：摄入的矿物质过多+憋尿+摄入的水分过少。而前面所说的处方粮只改变了其中一个因素——降低狗粮中的矿物质含量。但处方粮仍然是含水量极低的狗粮，如果不设法让狗狗多喝水、多运动、不憋尿的话，尿路结石的反复发生是不可避免的。所以，千万不要以为给狗狗吃昂贵的处方粮就万事大吉了。

1.2 遇水体积膨胀，容易导致呕吐、发胖，甚至胃扭转

狗粮的含水量极低，因此，在遇到水之后体积会膨胀很多。你可以自己做个试验，用水把狗粮浸泡至全部软化为止，看看体积会增加多少。软化后的体积，才是最终会占据狗狗胃容量的真正体积。

狗粮的这个特点，很容易造成狗狗过食，尤其是幼犬以及那些吃饭速度很快的狗狗。它们在吃的时候，会因为没有达到饱腹感而过量摄入狗粮，所摄入的狗粮在胃中遇水膨胀后，就很容易因为体积过大而造成过食性呕吐（吐出未消化的狗粮）；或者撑大狗狗的胃，使它成为"大胃王"，长此以往会导致发胖。

此外，和吃自制狗饭相比，吃狗粮的狗狗更容易发生胃扭转。如果让狗狗吃狗粮后大量饮水，那么膨胀后的狗粮就会在狗狗的胃部结团，很容易在剧烈运动的时候发生胃扭转，即胃韧带扭转，造成狗狗的胃整个翻转。大型犬及胸部狭长的品种，例如德国牧羊犬，尤其容易发生胃扭转。如果不及时手术的话，胃扭转是会致命的！

浸泡前的狗粮

浸泡后的狗粮

因此，如果不得不给狗狗吃狗粮，一定要注意：限量，饭后不要大量饮水，不要立即剧烈运动，不要让狗狗直立身体上下跳个不停！给幼犬喂食时，狗粮要事先用温水泡软。

1.3 碳水化合物含量高，不易消化、易导致发胖

为降低成本，狗粮中往往会添加很多含大量碳水化合物的食物，如谷物。

我们已经知道，以肉食为主的狗狗其实无法很好地消化过多的碳水化合物，而且多余的碳水化合物在体内最终会转化成脂肪储存起来。

因此，食用狗粮的狗狗通常粪便量大，并且容易肥胖（当然，这和狗粮的另一个问题——脂肪含量高也有密切关系）。

1.4 蛋白质含量低、质量差，加重肠胃和肝肾负担

蛋白质的含量

在野生状态下，犬类是以兔子等食草动物为主食的。如果将新鲜兔肉所含的蛋白质（含量约为24%）转换成干物质（相当于把兔肉做成狗粮，这样才能和狗粮有可比性）计算的话，则蛋白质含量高达70%左右！即使狗狗不完全吃兔肉，还要吃些骨头、野果什么的，那么就算按照我们自制狗饭的比例，每餐60%为肉类来计算，其中的蛋白质含量也能达到50%左右。而普通的商业狗粮中所含的蛋白质只有20%不到，优质的天然粮也不过在30%左右，远远低于狗狗在自然状态下摄取的蛋白质的量。更何况，这30%的蛋白质中，还有相当一部分是对于狗狗来说利用率比较低的植物性蛋白质。

蛋白质的质量

动植物中都含有蛋白质。蛋白质在动物体内最终会被分解成氨基酸，被动物所吸收利用。蛋、奶、肉、鱼等中的动物性蛋白质以及大豆中的植物性蛋白质的氨基酸组成与人体接近，所含的必需氨基酸在体内的利用率较高，称为优质蛋白质。

如果狗狗所摄入的不是优质蛋白质，那么，一方面狗狗不得不提高摄入的量来满足身体的需求，这增加了肠胃的负担；另一方面身体又不得不排出大量的代谢废物，这就加重了肝肾的负担。

我们已经知道，大多数狗粮的蛋白质含量在20%左右。狗粮厂家为了降低成本，还会将谷物（如小麦、玉米、大米、豆粕）等原料中所含的植物性蛋白质也计算在这20%之中。

植物性蛋白质的消化率较低，也就是说不容易被狗狗吸收利用。此外，植物性蛋白质比较容易引起狗狗的肠胃过敏。所以，现在很多高端狗粮纷纷打出了"无谷"的旗号。

狗粮成分中有一种主要的植物性蛋白质来源是豆粕（大豆榨油后的副产品）。豆粕的价格低廉，所以在很多狗粮的成分表中都可以见到它的身影。虽然豆粕所含的蛋白质质量等级不算低，但狗狗过多摄取有两个缺点：一是容易放屁，二是容易引起矿物质的紊乱。

同时，普通商业狗粮还会采用各种人类弃之不用的4D产品，即Died（已死的）、Diseased（有病的）、Dying（垂死的）、Disabled（伤残的）动物，以及水解禽类羽毛等动物副产品作为动物性蛋白质来源，不仅蛋白质质量差，还含有大量的食品添加剂。

肉粉的秘密

我们经常会在普通商业狗粮的成分表中看到"肉粉（meat meal）"、"鸡肉粉（chicken meal）"或者其他某种有名称的肉粉。

肉粉是什么呢？根据维基百科的解释，"肉粉是一种精炼产品。在美国，肉粉作为一种低成本的肉类原料，被广泛用于生产狗粮

和猫粮。"

在维基百科中，"精炼"一词有专门的解释："精炼是一种将废弃动物组织转化成稳定的增值原料的加工工艺。精炼可以指任何将动物产品加工成更有用的原料的过程，或者狭义地指将完整的动物脂肪组织精炼成纯净脂肪，例如炼成猪油或者牛油的过程。

加工所用的动物原料主要来自屠宰场，也包括餐馆废弃油脂、肉铺的边角料、零售商店的过期肉品，以及来自动物收容所、动物园和宠物医院的被安乐死和自然死亡的动物。这些原料可以包括脂肪组织、骨骼、内脏以及完整的动物尸体。最常见的动物来源为牛、猪、羊以及家禽。

我的"干儿子"邱邱

精炼加工在干燥原料的同时还将脂肪、骨骼和蛋白质分离开来。通过精炼可以获得油脂产品以及蛋白质粉（肉粉、骨粉、禽类副产品粉等）。"

从维基百科对肉粉加工工艺"精炼"的解释中，我们就可以窥见狗粮中的这种重要组成部分的可疑之处，你永远无法知道那20%的动物性蛋白质的来源到底是什么。我们唯一可以肯定的是，作为肉粉加工原料的那些"动物组织"都是人类弃之不用的。

也许有人会说，虽然肉粉的原料看上去比较让人难以接受，但经过高温加工后可以消毒、灭菌，所以还是可以让宠物安全食用的。但是，要知道：

高温灭菌同时还会破坏原料中的许多营养物质，使其难以被狗狗吸收利用。而原料中的很多有害化学物质却依然存在。

金香花小姐的狗狗 Daback
和 Dahyen

如果你觉得上面的内容太复杂，搞不清楚，那么你只要想一下：

为什么宠粮生产厂家现在纷纷推出天然粮（真正的天然粮指不含4D产品、动物副产品等材料，不使用诱食剂、防腐剂等有害物质的宠粮。但要注意的是，不是所有自称是"天然粮"的宠粮都是天然粮）？

为什么越高级的狗粮其蛋白质含量越高？

为什么价格昂贵的高级别狗粮中根本就不含任何肉粉或者骨粉？

为什么世界顶级的狗粮品牌——新西兰的"巅峰"（Ziwi-peak）干脆就用了含量高达85%的风干鲜鹿肉？

1.5 人工添加消化酶、维生素、矿物质等营养成分，容易添加过量或者不足

狗粮的生产采用的是高温加工工艺，因此在加工过程中会破坏原料中的大部分酶、维生素等营养成分，还会影响原料中矿物质的生物利用率，只能靠人工添加。这就是为什么狗粮的成分表中会有各种各样人工添加的营养成分。而人为添加往往会造成维生素、矿物质的过量或不足，两者均会给狗狗带来健康问题。

狗粮生产厂家宣称他们提供的是"营养均衡"的食物，理由是里面添加了各种维生素、矿物质等营养成分。事实却是，在高温的加工过程中，原料中的这些营养元素遭到了破坏，所以不得不添加。那么添加之后，营养是否就均衡了呢？答案是否定的。

首先，即使技术再先进，也无法确切计算出原料中有多少营养物质遭到了破坏，因此添加的成分往往不是多就是少，而多数情况下是过量的。

其次，因为添加的这些成分都是人工合成的，和食物中所含的天然成分不同，一旦过量，很容易造成各种疾病。

如果你相信狗粮生产厂家这种宣传，那么请仔细想一想，为什么你自己不需要在每顿饭菜里面添加各种酶、维生素和矿物质呢？人类不是提倡从食物中直接摄取这些营养物质吗？

1.6 颗粒的形状不利于消化和牙齿清洁

狗粮的小颗粒形状让大部分狗狗完全没有了咀嚼和撕咬的动作，除极小部分特别秀气、会一粒一粒嚼着吃的狗狗外，绝大部分的狗狗在吃狗粮时都是不经咀嚼、直接吞咽下肚的，这不利于消化系统提前分泌足够的消化液，充分消化。

此外，商家一直宣称给狗狗吃狗粮的一大好处就是能保持牙齿清洁，但事实并非如此。首先，因为绝大多数狗狗在吃狗粮时，基本上是直接吞咽下去的，狗粮根本无法起到摩擦清洁牙齿的作用。即便有特别秀气的狗狗把狗粮嚼碎了再吞下去，也因为没有撕咬的动作而无法把附着在牙齿表面的食物残渣擦拭干净。

任何无须咀嚼和撕咬的食物，包括狗粮、罐头狗粮和自制狗饭，都不利于牙齿的清洁，如果不注意护理，就容易导致牙周疾病。即便是那些会一粒一粒嚼着吃的狗狗，也会有严重的牙结石。

狗粮很松脆，其硬度根本无法起到清洁牙齿的作用。同时，咬碎之后的狗粮会有很多粉末粘在牙齿上，不及时清洁的话，最终会形成牙结石。为了证明这一点，我特意亲自嚼了一粒狗粮做试验。结果发现咬碎了的狗粮粉末粘满了臼齿表面。你也可以试试，看看嚼狗粮是否能让牙齿保持清洁。此外，一些谷物含量高的劣质狗粮，为了提高适口性，会在狗粮中添加糖类，这样就更容易形成有利于牙细菌繁殖的环境了。

由于商家的误导，很多"家长"以为给狗狗吃狗粮就不用护理牙齿了！我曾在宠物医院碰到过一只3岁的小泰迪。这只小泰迪平时只吃狗粮。它的主人抱怨说，几天前刚来洗过牙，现在牙齿又开始发黄了！

商家一边宣传狗粮的好处是有利于牙齿的清洁，另一边又开发出咬胶，宠物牙刷、牙膏、漱口水等各种洁牙产品，这不是自相矛盾吗？

1.7 含有大量食品添加剂，容易引发肝、肾疾病甚至癌症等

狗粮中常见的食品添加剂主要有以下几种：

除草剂

狗粮中所添加的玉米等谷物非常容易霉变（一般来说，添加在狗粮中的谷物都是人类不能食用的劣等品，因此更容易发生霉变），产生黄曲霉素，而黄曲霉素中毒会导致狗狗肝肾衰竭并死亡。因此，厂家一般会采取喷洒除草剂的方法来处理谷物中的黄曲霉素，这样狗粮中就不可避免地含有除草剂。这也是为什么现在一些优质狗粮生产厂家推出"无谷粮"的原因之一。

色素

一些劣质的狗粮中经常会添加合成色素，使狗粮看起来红红绿绿的。其实，狗狗对于食物的颜色是无所谓的，这只是为了吸引"家长"的眼球。然而，这些色素对狗狗的健康却是有害的，甚至会致癌。

抗氧化剂

为了让狗狗能喜欢吃狗粮，厂家会在狗粮外表喷涂上一层油脂。但是，这层油脂以及狗粮中所含的脂溶性维生素，例如维生素A和维生素E，暴露在空气中后，非常容易氧化酸败，即变质。为了延长狗粮的保质期，厂家会在配方中添加抗氧化剂，包括天然的和合成的。

有些厂家宣称他们所采用的是天然抗氧化剂——维生素E，对狗狗无害。但遗憾的是，维生素E本身也非常容易氧化，而且抗氧化性能远低于合成的抗氧化剂。一些优质的天然粮会使用维生素E、维生素C以及迷迭香提取物等天然防腐剂，但这些天然粮的保质期都比使用化学抗氧化剂的狗粮短。

很多厂家只能依赖于化学抗氧化剂，而它们是会致癌的。虽然这些化学抗氧化剂在人类的加工食品中也在使用，例如在方便面中就有添加，但是，允许的添加量是非常小的，而且没有人会一辈子每天每顿都吃方便面。而很多狗狗是从断奶开始就每天每顿都以狗粮为食的！

此外，在这些添加剂的使用方面，人类食品的标准要比宠物食品的标准严格得多。例如美国食品和药品管理局（FDA）规定人类食品中的乙氧基喹啉含量不得超过百万分之五，而许多狗粮中的乙氧基喹啉含量则可能高达百万分之一百五十！如果从狗狗和人类的体重比例，以及狗狗和人类对于这类含化学抗氧化剂食品的摄入总量来看，长期给狗狗吃狗粮对它的毒害非常大！

各种
防腐剂

狗粮中添加防腐剂是为了杀死微生物或者抑制微生物的滋生。大剂量的化学防腐剂对于哺乳动物的细胞有不同程度的毒性以及致癌和致突变的作用。虽然低剂量的防腐剂通常没有明显不良影响，然而，请设想一下，对于吃进去的每一口狗粮都含有防腐剂的狗狗来说，会是怎样一种结果呢？

一款优质的狗粮，应该用成分中所含的肉类和脂肪将狗粮的口味调整到足够"诱狗"。但是，很多价格比较低廉的狗粮，为了降低成本，会加入大量狗狗不爱吃的谷物等成分。为了提高狗粮的"适口性"，厂家就会在狗粮中添加合成的调味剂。

调味剂

还是那句话，你不需要是专家，但是要相信自己的直觉。如果你觉得自己长期吃入各种食品添加剂对身体有害，那么你的狗狗也一样，甚至情况会比你更严重，因为它的体重要比你小得多！

1.8 适口性差

所谓适口性，就是指狗狗爱吃不爱吃。爱吃，就叫"适口性好"；不爱吃，就叫"适口性差"。虽然一直吃狗粮的狗狗也不会提意见，但是只要你给它吃一次香喷喷的新鲜食材烹制的食物，它立刻就具备了鉴别能

狗模特Wanaka，3岁。2015年被现在的"妈妈"Grace从狗肉店救下，目前和"妈妈"救的一只猫咪小米过着相亲相爱的幸福生活

力，开始变得不爱吃狗粮了。很多主人会因此而责怪狗狗"挑食"。其实，这只能说，和天然食物相比，狗粮的适口性要差得多。我还从来没见过哪只原来一直吃自制狗饭或者剩菜剩饭这类天然食物的狗狗，在吃过狗粮之后，就变得"挑食"，不爱吃天然食物了。

顺便说一下，有些狗粮"适口性"非常好，狗狗一闻就爱吃，你倒要警惕里面是否添加了人工的诱食剂。我有一个开宠物店的朋友，主营高档进口宠粮。他告诉我说，有些客人从网上买过相同品牌但价格却要低得多的冒牌狗粮，后来又从他那里买了正品狗粮，比较下来发现狗狗非常爱吃冒牌狗粮，正品狗粮反而不爱吃。究其原因，就是因为冒牌狗粮添加了诱食剂，而正品狗粮没有。有时候，你可能还会发现，有些廉价的狗粮，狗狗很爱吃，但对于一些优质的天然粮反而不怎么喜欢。这时候，你一定要小心，不要以为狗狗爱吃就是好东西。

综上所述，为了狗狗的健康，无论是从物理还是化学的角度来看，长期给狗狗食用狗粮绝对是弊大于利！应尽量避免让狗狗长期以狗粮为主食！

2 如何挑选优质颗粒狗粮

虽说我在前面吐槽了狗粮的八宗罪，并且极力反对主人长期给狗狗以狗粮为主食，但毕竟它还有一个最大的优点：方便！即便是我自己，也会在一些特殊情况下给家里的"毛孩子们"喂宠粮：例如实在没有时间给它们准备自制狗饭，或者带它们出门不方便准备自制狗饭，或者干脆就是想偷懒……因此，主人最好了解一下怎样挑选优质的狗粮。这样，在不得不给狗狗吃狗粮的时候，至少能让它们远离危害更大的劣质粮。

谷物含量高，劣

肉的含量高，优

优劣狗粮颜色对比

2.1 直观判断

看价格

一般来说，价格越高，狗粮的质量也越好。当然，由于现在狗粮市场上充斥着价格不低的假货，所以这也只能作为一个参考。但是，价格低得离谱的狗粮，尤其是网上那些比米价都低的狗粮，一定是劣质的！

看颜色

狗狗是不在乎食物颜色的。红红绿绿的狗粮是为了吸引狗主人购买而添加了色素。所以，不要买有颜色的狗粮！一般来说，颜色深的狗粮优于颜色浅的。颜色浅说明谷物含量高，肉的含量低。添加的肉类多了，颜色才会变深。

闻味道

优质的狗粮有天然的肉或者鱼的气味。而那些香气过于浓烈的狗粮，是因为添加了香料，反而是劣质的。

看大便

我们还可以通过狗狗的大便来简单地判断狗粮的优劣。

❶ 看大便的多少

狗狗的粪便是由未消化的食物、死细胞、细菌以及未被吸收的内分泌液所组成的。如果狗粮的质量差，狗狗不能吸收利用的部分就会比较多，大便的量也就比较多；如果狗狗吃的是优质的狗粮，大便的量就会比较少。

❷ 闻大便的气味

我们已经知道，狗粮中蛋白质的来源是不同的。如果狗粮中所含的蛋白质不是优质蛋白质的话，在小肠中就难以消化。狗狗拉出来的大便就特别臭。

此外，如果狗狗经常放臭屁的话，也说明狗粮中的蛋白质质量不好。

2.2 成分分析

下面分别用四种狗粮的成分表来进行实例分析，带领大家学习如何看成分表来挑选优质狗粮。

编号	成分	营养分析保证值	保质期
A	谷物、精选牛肉、动物性油脂、植物及植物类纤维、钙骨粉、不饱和脂肪酸、低乳糖奶粉、果寡糖和低聚果糖、多种必需维生素和有机矿物微量元素、加碘盐、酵母、动物源性口味增强剂、抗氧化剂	粗蛋白（至少）22%，粗脂肪（至少）12%，粗纤维（至多）5%，钙（至少）1.1%，磷（至少）0.8%，水分（至多）10%，灰分（至多）10%，盐分0.5%～1.5%	18个月
B	动物肉粉、小麦、玉米、谷物副产品、豆粕、牛油、植物油、L-赖氨酸、甜菜纤维、生物素、烟酸、维生素A、维生素C、维生素D、维生素E、维生素K、维生素B_1、维生素B_2、维生素B_6、维生素B_{12}、泛酸、叶酸、微量元素（锌、铜、铁、锰、硒、碘）	粗蛋白≥18%，粗脂肪≥6%，水分≤10%，粗灰分≤10%，总磷≥0.5%，钙≥0.6%，赖氨酸≥0.63%，粗纤维≤5%，水溶性氯化物≥0.09%	18个月
C	鸡肉粉、鸡肉骨粉、鸭肉粉、鸭肉骨粉、小麦、大米、小麦粉、鸡油、牛油、狗粮口味增强剂、谷朊粉、甜菜粕、矿物元素及其络合物（硫酸铜、硫酸亚铁等）、鱼油、大豆油、维生素A、维生素E、维生素D、氯化胆碱、啤酒酵母粉、沸石粉、防腐剂（山梨酸钾）、牛磺酸、葡萄糖胺盐酸盐、BHA、没食子酸丙酯	粗蛋白≥23.0%，粗脂肪≥14.9%	18个月
D	脱水羊肉（22%）、新鲜去骨羊肉（15%）、绿扁豆、红扁豆、新鲜羊肝（5%）、苹果、羊脂肪（5%）、绿豌豆、黄豌豆、芥花籽油、藻类（DHA和EPA的来源）、蚕豆、南瓜、萝卜、羊肚（1.5%）、羊肾脏（1.5%）、冷冻干燥羊肝、海带、菊苣根、薄荷叶、柠檬香 营养添加物：锌100毫克 生物添加剂：肠菌安定剂 抗氧化剂：维生素E	蛋白质27%，脂肪15%，膳食纤维6.5%，钙2%，磷1.3%，$\omega-6$ 1.6%，$\omega-3$ 0.8%，DHA 0.2%，EPA 0.1%，葡糖胺600mg/kg，软骨素800mg/kg	14个月

蛋白质含量高的优于蛋白质含量低的

首先，我们应该在狗粮的包装袋上寻找"营养分析保证值"，检查其中的蛋白质含量是多少。一般来说，蛋白质含量越高，狗粮的质量越好。

通常，同一品牌的幼犬粮的蛋白质含量要高于成犬粮，因为幼犬在生长发育期间，每千克体重需要的蛋白质要高于成犬。因而，幼犬粮的价格也会高于成犬粮。也有的厂家会生产"全犬期犬粮"，就是从幼犬到成犬都能食用的狗粮。因为必须要同时满足幼犬的需要，这种狗粮的蛋白质含量就会比较高。

我们可以看到，以上4种狗粮中，蛋白质含量从高到低排序依次为D：27%，C：23%，A：22%，B：18%。先检查蛋白质含量，我们就可以基本了解这几种狗粮的好坏了。

成分表第一项为动物性来源的优于谷物类来源

测定狗粮中蛋白质的含量并不是直接测定其中蛋白质的多少，而是测定狗粮中的含氮量，再乘以固定的转换系数，得出来的结果就是狗粮中粗蛋白的含量。也就是说，光看蛋白质含量是没有办法知道蛋白质的来源是什么、是不是优质的。谷物中所含的植物性蛋白质也统统会被计算在"粗蛋白"中。

所以，我们还需要在包装上找到狗粮的成分表。成分表中的各种成分是以含量为顺序标明的，即含量越高的成分排名越靠前。因此，成分表的前几项成分是动物性名称的狗粮，就要比前几项是谷物类名称的狗粮质量好。

在以上4种狗粮的成分表中，列于第一项至第三项的成分分别为：

A 谷物、精选牛肉、动物性油脂

B 动物肉粉、小麦、玉米

C 鸡肉粉、鸡肉骨粉、鸭肉粉

D 脱水羊肉（22%）、新鲜去骨羊肉（15%）、绿扁豆

可以进一步看到：A显然是四种狗粮中质量最差的，因为它的成分表第一位就是谷物，也就是说，在这种狗粮中谷物占了最大的分量。单从蛋白质含量看，A为22%要高于B的18%。但是，从成分表可以看出，A中22%的蛋白质主要是来源于谷物中的植物性蛋白质。

"肉"优于"肉粉"，有名称的肉类优于没有名称的肉类

动物性成分来源是"肉"的狗粮，质量要优于来源是"肉粉"的狗粮。而所有这些动物性来源最好是有名称的，即便是肉粉也应该有名称。例如"鸡肉""鸭肉""鸡肉粉""鸭肉粉"等。如果简单地标明"肉类""禽肉"或者"肉粉""禽肉粉"等，都说明是来源

可疑的蛋白质。

根据这个标准，我们可以很容易地判定D是四种狗粮中质量最好的，因为它的第一项和第二项成分都是有名称的肉——脱水羊肉和新鲜去骨羊肉。C排名第二，因为它用的是有名称的肉粉——鸡肉粉、鸡肉骨粉、鸭肉粉。B排名第三，因为它用的是没有名称的"肉粉"——动物肉粉。也许你会问，难道排名第二的不应该是A吗？它的动物性成分是"精选牛肉"，属于有名称的肉呀。没错，单就这一项标准来看，是应该它排名第二，甚至并列第一，但是，别忘了，A的第一项成分是"谷物"，这块"精选牛肉"的分量太小了！

如果成分表中有鲜肉的成分，那么同时应该有脱水肉类或者某种动物的肉粉作为支持

这样可以提高狗粮中总体动物性蛋白质的含量；如果没有，说明这项鲜肉的成分只是个噱头。

因为鲜肉中含有70%左右的水分，如果只使用鲜肉的话，蛋白质含量就会比较低。我自己给狗狗做过窝窝头，有经验。如果在面粉里加入新鲜的肉糜，根本加不多，多了就无法成形了。当然，使用脱水肉类的狗粮质量要优于使用肉粉的。

我们看到四种狗粮中只有D和A使用了鲜肉。D的"新鲜去骨羊肉"有"脱水羊肉"作为支持，所以蛋白质含量高达27%，而A虽然使用了"精选牛肉"，却没有其他干燥的肉类或者肉粉作为支持，可见它的22%的蛋白质含量中，真正来源于肉类的非常少。所以，D的质量显然要优于A。

有名称的脂肪来源优于没有名称的脂肪来源

例如"鸡油""鸭油"等有明确名称的脂肪来源，要优于"禽类脂肪"等没有明确名称的。最为可疑的是泛泛地标明"动物脂肪"的，这种表述理论上可以是任何来源的动物脂肪，包括餐馆回收的地沟油。

让我们来看一下四种狗粮的脂肪来源：

A 动物性油脂		**B** 牛油、植物油	
C 鸡油、牛油、鱼油、大豆油		**D** 羊脂肪	

A不幸又中枪，排到末位去了！而B使用的"植物油"也是值得怀疑的，因为它没有明确说明是哪种植物油。

副产品越少越好

狗粮成分中可能存在的副产品有两大类，一类是动物副产品，一类是植物副产品，无论是哪一类，都是我们不希望看到的成分。

动物副产品包括肉类副产品和禽类副产品，是指不用于人类食用的、动物身上的任何一个部分。这些动物的副产品不仅所含的蛋白质质量低，还积蓄了大量的化学物质，不利于狗狗的健康。如果看到某种狗粮的成分中有动物副产品，那么应该果断地拒绝购买。

植物副产品指某种植物被人类加工利用后的剩余部分。例如番茄渣、甜菜渣等各种蔬菜、水果的渣。这种植物副产品和新鲜的植物相比，只是营养成分遭到了破坏，并没有太大的坏处。所以，如果看到成分中有一两项渣类成分，也无须紧张。当然，出现的植物副产品越多，在成分表中的位置越靠前，狗粮的质量越差。

在我们用来举例的四种狗粮中，没有找到动物副产品的成分。但是，在A中可以看到一项成分：植物及植物类纤维。首先，这是什么植物？又是没有名称的，马

李文俊先生的狗 kimi

上差评！其次，植物类纤维，就是渣。在B中有：谷物副产品、甜菜纤维。这里出现了两种植物副产品，除了谷物副产品之外，还有一种"甜菜纤维"，就是甜菜渣。C中出现了"甜菜粕"，也就是甜菜渣。只有D中找不到任何形式的副产品，都是正规的植物名称：绿扁豆、红扁豆……所以，根据这个标准，我们也很容易判定D质量最好、A最差。

食品添加剂

我们在A狗粮中找到了：动物源性口味增强剂、抗氧化剂；在C狗粮中找到了：狗粮口味增强剂、防腐剂（山梨酸钾）、BHA、没食子酸丙酯（一种防腐剂）；而在B中没有找到任何此类添加剂；在D中只找到了一种天然抗氧化剂——维生素E。按照这个标准，显然B和D要优于A和C。

但问题来了，分析到现在，相信你也已经基本了解，B并不是一款好狗粮，为什么它什么食品添加剂都没有呢？答案是：不可能！在B中，我没有找到任何的调味剂、防腐剂和抗氧化剂。如果说，不添加调味剂还有可能，那么不添加任何防腐剂和抗氧化剂就绝对不可能了。事实上也不太可能不添加调味剂，按照它除了第一项是肉粉，后面再也没有出现过肉的配方，如果不加调味剂，狗狗是不可能爱吃的。

在中国，目前对宠粮产品包装说明并没有严格要求。而越来越多的宠物主人开始了解如何通过看成分表来判断宠粮的优劣，所以，很多精明的厂家就开始在成分表上做手脚，把成分表写得天花乱坠，什么"走地鸡""精选牛肉"都会出现在低价狗粮的成分表中。而在欧美，对宠粮成分表有严格规定，是什么就写什么。

看保质期

看从生产日期到失效日期，保质期是多长。保质期并非越长越好，而是恰好相反。一般进口粮中，加了化学防腐剂（BHA、BHT、乙氧喹）的其保质期可长达2年。国产粮目前还没有不添加化学防腐剂的，保质期一般都在18个月左右。使用天然防腐剂的进口粮保质期要短一些，一般在14个月左右。

在我们的四款范例狗粮中，只有D的保质期为14个月，这也可以反证D没有添加化学抗氧化剂。

现在公布答案，下表是前面举例的四种狗粮：

编号	产地	价格（每千克）	排名
A	中国天津	16元	3
B	中国上海	12元	3
C	中国上海	30元	2
D	加拿大	76元	1

其实，看A的价格，我们就可以知道它要么只使用了极少量的"精选牛肉"，要么根本就没有使用"精选牛肉"，或者它所谓的"精选牛肉"只是选用了一些牛肉的下脚料而已。

3 国内狗粮市场现状

3.1 天然粮和普通商业粮

目前市场上的狗粮可以大致分为天然粮和普通商业粮。

天然粮是指全部采用人类级别的原料，即用含优质动物性蛋白质食材、完整的谷物（而不是谷物碎粒）、水果以及蔬菜等制成的狗粮，不含4D产品、不使用诱食剂及非天然防腐剂等有害物质。很多优质的天然粮甚至不含谷物，即无谷天然粮，以水果作为碳水化合物的来源。

而普通商业粮的原料则多少都含有人类弃之不用的成分。

很显然，天然粮要比普通商业粮好。有条件的话，最好是购买天然粮。但是，市场上有很多打着天然粮旗号的普通粮，所以在购买的时候，要注意看成分表辨别。真正的天然粮目前只有依靠从欧美等地进口。

市场上有一些狗粮知名度非常高，是因为厂家将很大一部分利润花在了广告上，而不是在产品本身。所以，这些狗粮其实并不是最好的。当然，因为是大厂家，而且有知名度，所以也不会是劣质粮。而一些真正的天然粮生产厂家则会把相当一部分利润用在产品本身，所以知名度反而不如大众化的商业粮。

"WDJ"（*Whole Dog Journal*）是美国的一本专业宠物期刊，每年都会对各大狗粮品牌进行独立测评，并向大众推荐通过测评的品牌。凡是"WDJ"推荐的品牌都不会差。如果想要了解优质狗粮品牌，可以到网上搜索"WDJ"当年的榜单。不少优质的天然粮都在榜单上。

如果因为经济的原因，只能购买普通商业粮，那么至少也要选择大厂家生产的，质量有一定的保证。宁愿给狗狗吃剩菜剩饭，也千万不要在网上买无名小作坊甚至是个人生产的便宜狗粮！小作坊和个人生产的狗粮不论配方研发、生产设备、原材料质量还是产品质量控制与检验都难以保证。

3.2 如何避免买到假冒伪劣狗粮

国内的狗粮市场现在非常混乱，充斥着各种假冒伪劣狗粮。有不伪但是极为劣质的小作坊毒狗粮；有纯国产却伪装成纯进口的"假洋鬼子"狗粮；有包装可以假乱真的各种假冒品牌狗粮等。消费者非常容易上当。我只能提醒读者：

1 千万不要买价格低于40元/千克的狗粮。虽然价高不一定能买到好货，但是价格过低，一定是劣质粮。如果能把握住这条价格底线，至少你家狗狗不会遭到"毒狗粮""石灰粮"的毒害。

2 如果要买进口粮，尽量通过朋友找到能追根溯源的、信誉好的卖家。这样的卖家能保证你不会花了大钱又买了假货，同时还可以帮助你筛选出优质的狗粮。

3 如果是买国产粮，除了2中的渠道之外，还可以从网上该品牌的旗舰店购买，或者找到该品牌的官网，询问到他们的授权店铺。千万不要随意从网上的店铺购买。

4 购买和喂食颗粒狗粮应避免哪些错误

前文已介绍了长期给狗狗吃狗粮对其健康的影响，此外，主人挑选和储存袋装狗粮以及喂食的方法不当也会让狗粮给狗狗带来安全隐患。

1

错误（✗）：买狗粮时不检查保质期。

正确（✓）：每次都应检查剩余保质期。

剩余保质期越长越好，至少应还有6个月。剩余保质期太短的狗粮，有脂肪已经开始氧化的风险。

2

错误（✗）：为中小型犬购买大包装的狗粮。

正确（✓）：应购买适当大小的包装，确保所购买包装内的狗粮能在2~3周内吃完。

狗粮开封后，暴露在空气中的时间越久，氧化得越厉害。购买大包装的狗粮虽然经济，但却给狗狗的健康带来隐患。

3 　错误（ × ）：将狗粮储存在温暖或潮湿的地方。

正确（ ✓ ）：为了保持狗粮的新鲜，延缓氧化过程，应将狗粮储存在阴凉、干燥、避光的地方。

有些主人喜欢把狗粮放在厨房水斗下方的橱柜中，这个位置非常潮湿，容易使狗粮霉变。

4 　错误（ × ）：将狗粮袋拆封后敞开封口存放。

正确（ ✓ ）：拆封后要注意重新密封。

敞开封口会增加狗粮和氧气接触的机会，从而加速氧化变质。

5 　错误（ × ）：将整袋狗粮倒入其他容器内，尤其是塑料桶里。

正确（ ✓ ）：储存狗粮的最好办法是采用原包装袋。如果图方便，可以将狗粮连包装袋一起放入塑料桶，或者从包装袋中分装出1周左右的量到食品安全级别的密封容器中，例如铁质饼干桶，但是要注意及时清洁饼干桶。

很多主人喜欢把整袋狗粮倒在一个塑料桶里，这样每次取用会比较方便。还有些主人会使用自动喂食桶，一次性在桶里添加整包狗粮。

使用塑料桶有几个问题。首先，有许多塑料容器并不是用"食品安全"级别的塑料制成的，而狗粮的表面喷涂了一层油脂，这层油脂会使增塑剂等有害物质加速从非食品安全级别的塑料中析出，进入狗粮。

其次，如果使用的塑料桶是透明的（包括很多喂食桶），又没有注意避光，就会加速油脂的氧化。

再者，如果每次倒入一袋新的狗粮之前没有彻底清空并清洁容器，那么你实际上就是将残留在桶底的、旧粮中已经酸败的油脂以及黏附在桶壁的酸败油脂"种植"在每一批新粮中。

所以，如果因为工作忙，不得不使用自动喂食桶的话，一定要注意挑选食品安全级别以及不透明的材质，注意盖上桶盖，每次彻底清空并清洁喂食桶后再添加新粮。

6

错误（✕）：在狗狗吃完整袋狗粮之前就扔掉包装袋。

正确（✓）：保留包装袋至狗狗吃完整袋狗粮后两个月。

万一狗狗生病或者出现过敏症状，保留的包装袋可以让医生了解喂食的确切信息，帮助做出正确诊断。如果事态发展到造成严重疾病或者死亡，那么狗粮生产厂家也需要这些信息才能确凿地将该种狗粮（以及该批次的狗粮）和发生的问题相关联。

7

错误（✕）：一种狗粮吃完，直接更换另一种新狗粮。

正确（✓）：更换狗粮时，应遵循1/4原则。每种狗粮中的成分不尽相同，所以如果一下子更换成新狗粮，狗狗的身体会因为来不及产生足够的、相应的消化酶而导致腹泻。因此，更换狗粮时应遵循1/4原则，即先用1/4的新粮混合3/4的旧粮喂食2~3天，如果狗狗一切正常，再用1/2的新粮混合1/2的旧粮；然后是3/4的新粮加1/4的旧粮；最后完全换成新粮。

关于
自制狗饭

1 自制狗饭的好处

1.1 安全营养

所有的食材都由主人亲自购买，并采用尽量少破坏营养成分的方式烹饪。狗狗吃下肚子的是哪些食物，主人一清二楚。

1.2 便于调整

来福等着吃饭

如果狗狗的健康状况发生了问题，例如过于肥胖，或者患了糖尿病、泌尿系统结石、慢性肾炎等疾病，都可以有针对性地调整饮食。商家或者兽医可能会告诉你，狗狗得了这些病，必须要吃处方粮。但是，仔细想一下，这些病人类也会得，但人类得这些病时，医生会跟患者说："你得糖尿病了，从现在开始不可以自己做饭，必须买处方粮吃"吗？当然不会！医生会说，你不可以吃含糖的食物，多吃杂粮等。其实处方粮就是根据疾病的特点对狗粮的配方进行了调整。这样的调整，我们自制狗饭时完全可以很方便地实现。

1.3 易于消化

自制狗饭的食物成分是以狗狗最容易消化的肉类为主，因此易于消化。前面讲过，在更换狗粮品种时，要遵循1/4原则，慢慢地把旧粮换成新粮。而我在给家里的"毛孩子们"做饭时，经常会随时更换食物品种，完全不需要逐步替换。我们人类自己吃饭不也是这样？谁今天吃道新的菜还需要用昨天的剩菜拌一下才吃呢？

此外，主人在给狗狗做饭时，狗狗对于美食的期待，以及闻到厨房飘来的香味，都会刺激消化液的分泌，为消化食物做好充分的准备。

1.4 更适合容易过敏的狗宝贝

有些狗狗容易过敏。自制狗饭时可以每次只添加一种蛋白质来源，便于找到狗狗的过敏原，以后也很容易避免，只要不使用含这种蛋白质的食材就可以了。我家来福很容易食物过敏，我就是用这种方法发现它对牛肉和海鱼过敏。现在给它做饭时，就会注意避免这两类食物。

狗粮中往往同时有多种蛋白质来源，尤其是含有"肉粉"成分的，你根本不知道其中含有哪些肉类，因此难以判断到底是哪种成分引起狗狗过敏。现在有些高端的低敏狗粮，就是采用了单一的蛋白质来源。但这类狗粮价格昂贵，一旦发现狗狗对该种狗粮过敏，就得浪费整袋狗粮了。

1.5 经济实惠

和优质的高端狗粮相比，自制狗饭在食材的选用上可不比狗粮差，甚至可以更好，但价格则要低廉得多，因为没有了工厂加工、运输、营销等环节。

1.6 适口性好

自制狗饭的天然味道，让所有有机会尝试的狗狗都会爱上它。尤其是对于生病、手术后以及胃口逐渐变差的老年犬，自制狗饭是最好的选择。

要注意的是，自制饭食也无法让狗狗通过撕咬、摩擦来清洁牙齿，所以应经常给狗狗刷牙并提供生骨肉让狗狗啃咬，以保持口腔卫生。

2 自制狗饭的原则

2.1 食物种类要丰富，确保给狗狗提供全面的营养

自制狗饭，主人最担心的就是：我不是营养师，如何保证营养均衡？其实我们的爸爸妈妈从小就已经教给我们保证人类营养均衡的方法了：不要挑食！这个方法同样适用于狗狗。

每一种食物中所含的营养物质各不相同，为了确保狗狗获得全面的营养，最好的办法就是定期变化食材种类。

例如这周给狗狗提供以鸭肉为主的饮食，下周可改成以鸡肉为主，再下周以鱼肉为主。今天给其食物中添加橄榄油，明天换成三文鱼油。蔬菜的品种也应经常变化。

要注意的是，最好对狗狗的食谱做好记录，一旦发生问题，容易追溯。为了减少主人的麻烦，也不必天天换花样，一周变化一次食谱就可以了。

2.2 由少至多，一样一样逐步增加食物品种

每一只狗狗都是不同的个体，对于不同的食物会有不同的反应。我们在给狗狗做饭时，要确保两点：

不会过敏	过敏症状包括：浑身瘙痒，有时有红疹，还有可能腹泻，而且这些症状发生的时间和进食时间密切相关。
消化良好	消化不好的表现：烂便、腹泻。

第一次给狗狗吃自制狗饭时，应先只喂一种肉类，例如鸡胸肉。如果狗狗吃了之后，没有过敏反应，大便也正常，说明鸡胸肉对你家狗狗是安全的。

下一次可以添加一种含碳水化合物的食物，例如米饭。

再下一次添加一种蔬菜，例如圆白菜。这样你就有了狗宝宝的第一道安全食谱：鸡胸肉+米饭+圆白菜。

连续食用一周之后，可以更换蛋白质来源，将鸡肉换成鸭肉，保持米饭和圆白菜不变。一周后，再将鸭肉换成牛肉。这样逐一测试并做好记录，以后就可以比较随意地在食谱中添加已通过测试的蛋白质来源了。

需要注意的是，熟的鸡肉不会引起狗狗过敏，不等于生的鸡肉也不会引起过敏。反之亦然。我就曾碰到过一只名叫天天的泰迪，它吃煮熟的鸭肉没问题，但是吃完生的鸭肉就发生了过敏反应，浑身瘙痒。所以，应把生的、熟的食物所含的蛋白质看成两种蛋白质，分别进

行测试。

在确定了几种常用的肉类之后，再更换碳水化合物来源，将米饭换成红薯、南瓜等，最后再更换蔬菜。注意，每次只能更换一种食材，这样，万一有什么问题，很快就可以找到原因。

2.3 避免烹饪时间过长、温度过高

高温会破坏食物中的营养物质。对于肉类和蔬菜，建议先把水烧开，然后把切碎的食材倒入沸水中略煮几秒钟即可。

2.4 富含碳水化合物的食物要充分糊化

狗狗体内缺乏淀粉酶，难以消化米饭、土豆、红薯等富含碳水化合物的食物。因此这类食物一定要用水尽量煮成糊状，这样更容易消化。

2.5 保留烧煮食物所用的水

可以把煮过食物的水拌在饭里，或者单独给狗狗喝，这样可以避免浪费流失在水中的水溶性维生素等营养物质。

2.6 不宜在狗饭中添加食盐等调味品

具体内容参见第59页"狗狗到底能不能吃盐"。

2.7 正常情况下要以肉食为主

新鲜肉类在饮食中的重量比（生食重量）一般应在60%左右，以蔬菜和富含碳水化合物的食物为辅。

2.8 注意补钙

谷物、鱼类、畜肉类、禽类以及内脏的含钙量很低。其中，鱼类、畜肉类、禽类以及内脏不仅含钙量很低，还含有丰富的磷。过量的磷会影响身体对钙的吸收，反之亦然。因此，如果狗狗的饮食中含有这些食物，就必须要补充钙，以维持钙磷比例的平衡。

所以我们在自制以肉食为主的狗饭时，要注意补充钙，一般来讲经常给狗狗喂些生骨肉就可以避免缺钙。也可以在食物中添加些自制的蛋壳粉（制作方法见第181页"天然钙粉"）或者搭配些含钙量较高的食物，如奶制品、豆制品等。

2.9 食物的消化率越高越好

同样是蛋白质来源，狗狗对于动物性蛋白质的消化吸收要比植物性蛋白质好。因此，在制定食谱时，应以鱼类、肉类为主要的蛋白质来源，可适当添加豆制品作为辅助的蛋白质来源。同样是碳水化合物来源，狗狗对于粥的消化吸收就要比硬米饭好。可以通过观察大便来判断食物的消化率。如果喂同样的量，食用某种食物后大便的量较少，就说明这种食物的消化率比较高。如果吃了某种食物后狗狗的大便比较软烂，或者在粪便中发现某种食物的原形，就说明狗狗对这种食物不太消化。

2.10 迎合狗狗的口味

人类在品尝美味的时候，最主要的感官是味觉。而狗狗则主要靠嗅觉。

因此，要做出狗狗喜欢的美食，重要的是要让食物散发出它们喜欢的香气。添加一些狗狗喜欢的气味，例如可以用肉汤、鸡汤或者少量动物肝脏捣成泥，或者将鸡皮等炒香后拌入狗狗的食物中。这样做出来的饭，保证你家的狗狗爱吃。

其次，适当对食物进行加温，也有助于食物香气的散发，让食物变得更加"诱狗"。

此外，狗狗对味觉也有自己的偏好。作为食肉动物，狗狗最喜欢的味道是"鲜"味，其实就是肉中的氨基酸的味道。它们对这种味道非常敏感，能够品尝出各种肉之间的区别，并形成自己的爱好。据说，大部分的狗狗都特别钟爱牛肉。

狗狗还比较喜欢甜味。这可能和犬类的祖先在捕不到猎物时，也会用野果来充饥有关。狗狗对于咸味没有什么偏爱，所以，不用想着给狗狗食物中加点儿盐来调味。

最后，主人的行为也会影响狗狗对食物的喜好。大部分狗狗会觉得主人吃在嘴里的一定是好东西。所以，在引进一样新的食物品种时，如果狗狗不爱吃，主人可以尝试自己当着狗狗的面先吃一口，再从嘴里吐出一小口给它吃。

3 狗狗到底能不能吃盐

据说狗狗不能吃盐，吃了以后容易掉毛和有泪痕。但是有细心的宠物主人发现狗粮里都会添加氯化钠（盐的主要成分）。那么，狗狗到底能不能吃盐？在自制狗饭的时候是否需要添加盐分？

3.1 说法一：狗狗吃盐后会掉毛和有泪痕

我养的第一只狗Doddy是京巴。那时我还没有研究狗狗的营养，都是我父亲去菜市场买些肉类的边角料煮给它吃。父亲固执地认为淡的食物"没有味道"，所以总要给Doddy的饭食加上盐或酱油来调味。当时Doddy的确有很深的泪痕，但毛发却没有问题，除了正常换毛，没有不正常地大量掉毛。Doddy的泪痕，其实并不应该归罪于食盐。京巴这种眼睛比较大而突出的品种，本身就容易因为眼球受到毛发灰尘等刺激而分泌过多泪液，加上我不懂护理，没有经常给它清除泪痕，导致泪痕越来越深。

我认识一只名叫阿兰的京巴。2016年6月，我写这段文字的时候，阿兰已经16岁了。它的主人长期给它买鸭胗，用酱油和料酒卤好当主食，还经常给它买人类的零食——牛肉干吃。阿兰也没有异常掉毛的现象。同时，因为主人打理得仔细，泪痕也不是很明显。

我还在山村见过许多常年吃人类剩菜剩饭（都是含有食盐的）的中华田园犬，没有一只有明显的泪痕。

中国著名的宠物营养师王天飞老师也在他的博文《宠物食品界的几大谣"盐"》中说，"目前还没有找到任何证据证明宠物的脱毛、泪痕分泌与食盐有关系的相关科学论著。"

3.2 说法二：狗狗没有汗腺，盐分无法从汗液中排出，所以不能吃盐

这也是流传较广的、貌似很有道理的一种说法，然而，却是经不起推敲的。

我们先撇开狗狗有没有汗腺这个问题不谈，狗狗的确不会像人类一样大汗淋漓。但是，你有没有想过，如果不刻意去健身，你一年有多少天会大汗淋漓呢？但是，在不出汗的日子里，你不是照样会吃加了盐的菜吗？那么，多余的盐分（钠离子）是从哪里排出体外呢？当然是尿液了！这是钠离子排出体外的最主要途径。

如果今天吃得太咸了，你会怎么样呢？是不是会觉得口渴，比平时多喝水，然后多上厕所？这就是身体的一个自然调节方法。没有人会因为吃得太咸了，就去出身汗，把多余的盐分从汗水中排掉吧？

综上所述，出不出汗和能不能将多余的盐分排出体外是没有关系的。

3.3 狗狗需要盐吗

食盐的主要成分为氯化钠，是狗狗必不可少的一种营养物质。长期缺乏氯化钠，狗狗会出现饮水减少，甚至脱水、食欲不振和精神萎靡等症状。但是因为很多食物中都含有盐的主要成分氯化钠，而且盐多一点少一点狗狗都能适应，所以一般情况下无须给狗狗的食物中添

加盐分，偶尔吃了一点加盐的食物也没有关系。

3.4 盐吃多了会有什么坏处

盐吃多了，并不会导致狗狗掉毛或者产生泪痕，而且也不会有其他明显的不良后果。这跟我们人类是一样的。如果吃得太咸，就会多喝水，通过尿液把过多的盐分排泄出去，暂时也不会有什么严重后果。所以，如果偶尔给狗狗吃得太咸，就让它多喝水、多撒尿。

但是，对于人类来说，长期摄入过多盐分，容易引起高血压等心血管疾病，同时还会增加肾脏负担，这点已经成为共识，所以我们人类现在已经开始大力倡导低盐饮食。

虽然目前还没有具体的研究数据，但对于同为哺乳动物的狗狗来说，如果长期摄入过多的盐分，可能也会导致和人类类似的健康问题。

3.5 吃多少盐合适

世界卫生组织建议成年人每人每天摄入的盐分应≤5克。按照人的体重50千克，狗狗的体重10千克来计算，狗狗每天摄入的盐分大约应该为人类的1/5，即≤1克。简单地说，因为狗狗的体重比成年人小得多，所以，我们吃起来比较咸或者正常的咸味，对狗狗来说就是太咸啦！

狗粮：不需要额外补充盐分。

如果你家狗狗是以狗粮为主食，已含有食盐了，那么就不需要额外再补充盐分了。但是，你应该选择含盐适量的狗粮，不要选择含盐量过高的狗粮。如果你家狗狗一天吃100克狗粮，那么1%左右的含盐量是合适的（相当于1天摄入1克盐），超过1%就太高了，不适合长期吃。

生骨肉或者以肉为主的自制狗饭：不需要额
外补充盐分。

如果你是给狗狗喂生骨肉或者以肉为主的自制狗
饭，那么无须额外补充盐分，因为肉中本身含有盐。

我家目前的三只狗狗（分别养了近7年、3年和2年）
长期吃我做的不添加食盐的自制狗饭（肉类占60%左右）
以及生骨肉，偶尔吃一次狗粮（平均1个月1次）。到目
前为止，一切正常，没有出现缺少氯化钠的任何症状。

以富含碳水化合物的食物为主的自制狗饭：
需要添加1%左右的食盐。

如果你是给狗狗喂以富含碳水化合物的食物为主的
自制狗饭（对于正常狗狗绝对不建议这样喂，但在特殊
情况下，例如患有胰腺炎的狗狗，就需要这样的特殊饮
食），那么就要添加1%左右的食盐。

4 如何自制狗饭

4.1 选择食材

首先我们要选择蛋白质、碳水化合物、维生素和矿物质以及脂肪等主要营养元素的来源。

蛋白质的来源

肉类：鸡肉、鸭肉、兔肉、牛肉、羊肉、鱼肉、猪肉等。

动物副产品：内脏及血。

奶制品：奶酪、酸奶、奶粉等。

蛋类：鸡蛋、鸭蛋、鹌鹑蛋等。

豆制品：豆腐、豆腐干等。

> ❗ 注意：不同种类的蛋白质应逐一引入，以便确认狗狗是否会对该种蛋白质产生过敏反应。

碳水化合物的来源

瓜果类：如苹果、梨、香蕉、老南瓜等。

谷物类：如大米、小米、小麦、大麦、燕麦等。

根茎类：如红薯、土豆等。

关于碳水化合物，你需要了解：

淀粉类的碳水化合物，狗狗不易消化

谷物、土豆、红薯、老南瓜等的主要成分就是淀粉。淀粉属于多糖，必须要通过淀粉酶水解，转化成葡萄糖之后，才能被身体吸收利用。狗狗的唾液中不含淀粉酶，小肠中含的淀粉酶也很少，所以在选择淀粉类的食材作为碳水化合物来源时，要注意充分水煮，使其糊化，这样才便于狗狗消化吸收。

水果中所含的碳水化合物主要为葡萄糖、果糖和蔗糖。其中，葡萄糖和果糖属于单糖，可直接被身体所吸收；蔗糖属于双糖，也比较容易消化。水果中还富含各种维生素、矿物质以及适量的膳食纤维，所以，用水果代替谷物，作为狗狗食物中碳水化合物的来源是非常好的。

水果也含碳水化合物

苹果是最佳的选择，它价格不高，很常见，而且苹果中所含的果胶有助于狗狗的肠胃蠕动，能帮助消化。煮熟的苹果还能帮助肠道内的有益菌繁殖，有止泻作用。西方有句谚语叫作"每天一苹果，医生远离我"。苹果对于狗狗同样也是极好的。

富含碳水化合物的食物不宜多吃

狗狗毕竟是"以肉食为主的杂食动物"，如果狗狗饭食中碳水化合物的含量过高，会造成蛋白质等其他重要营养物质的缺乏。同时，过多的碳水化合物会转化成脂肪储存在体内，造成狗狗肥胖，还可能因为不消化而导致狗狗腹泻。

维生素、矿物质的来源

蔬菜、水果是维生素、矿物质的良好来源，狗狗的日常饮食里可以少加一些。

各种浆果，如蓝莓、蔓越莓、草莓等，价格比较高，作为需要量相对较大的碳水化合物来源有点奢侈，但可以作为维生素和矿物质的来源适当添加几粒。这类水果有抗氧化作用，能提高狗狗的免疫力，而且狗狗也比较爱吃。

关于蔬菜，你需要了解：

1 因为狗狗无法消化过多的膳食纤维，选择蔬菜的时候，要选择膳食纤维较少的

嚼在嘴里没有渣或者渣很少的蔬菜，就是膳食纤维较少的。像竹笋这样含有大量粗纤维的绝对不要给狗狗吃。在处理蔬菜的时候，也要注意去除膳食纤维过多的部分，例如芦笋的皮、西蓝花的茎部（如果不想浪费，也可以把茎去皮后再给狗狗吃）等。

2 能够生吃的蔬菜瓜果尽量生吃，最大程度地保留营养成分

一般来说，人类可以生吃的蔬菜（例如蔬菜沙拉的原材料），狗狗都可以生吃。但是西红柿建议煮熟了吃。西红柿煮熟后，能提高其中番茄红素的吸收率。番茄红素作为抗氧化剂有保护心血管以及抗癌防癌的功能。虽然加热会破坏西红柿中所含的维生素C，但是狗狗可以在体内合成维生素C，一般不需要从食物中补充。所以，对于狗狗来说，吃煮熟的西红柿比吃生的更有意义。

此外，胡萝卜含有狗狗无法消化的木质素以及难以消化的淀粉，所以给狗狗吃胡萝卜最好切碎、煮烂，并且一次不要吃太多。我一般每顿饭只加几片切碎的胡萝卜。如果发现狗狗的粪便中有未消化的胡萝卜，那么就要检查一下：是不是胡萝卜的量加太多了？是不是切得不够细？弄熟烂之后会不会改善？

3 蔬菜切得越碎越好，最好是用碎菜机打碎，这样有利于消化。

4 每次选用2种蔬菜，经常变换品种。

5 根据狗狗的情况选用不同的蔬菜。

例如，果菜类的蔬菜含水分多，比较占胃的容积。对于胃容量本身就很小的幼犬来说，就不太适合，因为幼犬应主要摄入蛋白质和脂肪来满足身体生长的需要。但是，对于那些需要减肥而食量又大的狗狗来说，可以适当多添加这类蔬菜，来"骗骗"狗狗的胃。一般情况下，建议选用叶菜。

脂肪的来源

植物油：橄榄油、亚麻籽油、豆油、玉米油、葵花子油、芝麻油、花生油、椰子油等。植物油尽量选用冷榨的，这样的油比较健康。

动物油：鸡油、鸭油、鱼油等。

肉类、蛋黄中也含有脂肪。

关于脂肪，你需要了解：

1 脂肪是热量的来源之一

幼犬、工作犬等需要大量热量的狗狗，要在食物中提高脂肪含量。而肥胖的狗狗，就要减少食物中的脂肪。

2　脂肪过多或过少会导致的健康问题

狗狗摄入的脂肪过多会导致油性大便及腹泻，长期过多摄入则会导致肥胖。

脂肪缺乏也同样会导致问题，例如毛皮质量差以及生殖缺陷。长期给狗狗以谷物等素食为主食的话，就会导致脂肪缺乏。

摄入的脂肪中缺乏必需脂肪酸，也会导致健康问题，如皮肤损害、出现角质鳞片、体内水分经皮肤损失增加、毛细血管变得脆弱、免疫力下降、生长受阻等。

3　注意脂肪摄入的平衡

自制狗饭要注意饱和脂肪酸和不饱和脂肪酸，特别是 ω -3系列不饱和脂肪酸和 ω -6系列不饱和脂肪酸的平衡。如果狗狗的食物是以肉类为主的，就不要再添加动物油脂了，最好每次添加少量的冷榨植物油，并且经常更换植物油的品种。

常用食用油中，花生油、玉米油、葵花子油、芝麻油的 ω -6系列不饱和脂肪酸含量较高，各种陆地动物的肉中，例如牛肉、羊肉、鸡肉等也富含 ω -6系列不饱和脂肪酸；而 ω -3系列不饱和脂肪酸则主要存在于海鱼和海藻中，植物油中的亚麻籽油、紫苏油也含有较为丰富的 ω -3系列不饱和脂肪酸。

4.2 计算分量

小贴士

可以采用"体积法"来估算各种食材的量。即把碗视为一个圆，把圆一分为二，先把切好的蛋白质类食材放满半个圆，再把碳水化合物类食物和维生素、矿物质类食物分别平分到另外1/2圆内。

根据公式计算分量

刚开始自己动手给狗狗做饭时，可以先根据狗狗的体重，按照下面的经验公式算出所需食材总量：

总的食物量（烧煮前）=体重×3%

再根据下面的比例分别算出每一类食材的量：

蛋白质来源∶碳水化合物来源∶维生素、矿物质来源=6∶2∶2

例如一只10千克的狗狗，每天需要的食物总重量为：

10千克×3%=0.3千克＝300克，

如果我们用鸡胸肉、米饭和蔬菜来给它准备饭食，那么需要：

生的鸡胸肉：300克×60%=180克；

米饭：300克×20%=60克；

蔬菜：300克×20%=60克。

以后就可以根据食材的大小估算狗狗所需要的量了。

先少量，再根据狗狗生长情况逐渐添加调整

每一只狗都是不同的个体。不同的品种、不同的生长阶段（例如青年、老年、怀孕、哺乳等）、不同的活动量等都会造成对营养需求的差异。

主人应先根据上面的公式为狗狗制定出一份基础的食量表，宁少勿多。然后根据狗狗的生长情况进行调整。（具体参见第124页"吃多少才算合适"）

4.3 烹调

先煮肉类

最简单的烹调方法就是水煮。

把适量水烧开，然后倒入切好的肉块。略煮几秒，至表面变色即可关火。捞出肉块盛入碗中备用。

其实狗狗完全可以吃生肉，煮一下的目的最主要是获得肉汤。所以不要煮太久，以免破坏营养成分。

然后用肉汤煮淀粉类食物，例如米饭、红薯、土豆等

用肉汤煮能提高这类食物的适口性。因为狗狗不易消化这类食物，所以煮的时间要长一点，让其尽量糊化。如果是米饭的话，最好煮成粥。红薯和土豆之类则至少要煮到能用勺子轻易地压成泥。

处理蔬菜

淀粉类食物煮好后关火，能生吃的蔬菜切碎直接加入，不能生吃的蔬菜用小火略煮。

对于幼犬和老年犬，最好用搅拌机将米饭和蔬菜打成糊，这样更容易消化。

如果没有搅拌机，也可以不打糊，但要将蔬菜切得尽量碎一些。

4.4 调味（可以省略）

将饭菜糊拌入肉块即可

最后可以在饭菜上面加一点"调味料"。能增强狗狗食欲的调味料有：三文鱼油、鸡油、鸭油、酸奶、奶酪、炒香的鸡皮、鸡肝泥（鸡肝煮熟打成泥）等。用鸡油、鸭油调味，量要尽量少，只要漂点油星子，让食物闻起来有香味就行了。

有时候，狗狗对于从来没有吃过的食物会拒食。小时候吃的食物品种越少，就越不容易接受新品种。对于这种情况，在狗饭表面加点"调味料"能诱导狗狗开始尝试。

我家小白3岁之前一直在外流浪，据救助人说是以吃猫粮为生。刚开始给它吃兔肉时，它闻一闻就走开了，估计是以前从来没有吃过。我把兔肉切成小块，拌点鸭油后，小白很快就吃了。几次之后，不加鸭油，它也会主动吃兔肉了。狗粮表面都会喷涂一层油脂，就是为了提高狗粮的适口性。

自制狗饭食材举例

营养素	类别	食材名称	备注
蛋白质来源	肉类	鸡胸肉、鸭胸肉（加工方便，无须去骨，容易切碎和煮熟）、鸭边腿（价格比鸭胸肉便宜，但是需要去骨、去脂肪，加工起来略为麻烦）、兔肉、牛肉、羊肉、猪瘦肉	所有的肉类应尽量去除明显的脂肪，以免狗狗摄入过多油脂。 猪肉哪怕是瘦肉的脂肪含量也比较高，而且脂肪颗粒较大，不利于消化，因此，最好不要经常给狗狗吃猪肉
	鱼类	青鲇鱼（鲇鱼）、带鱼特别是带鱼尾巴、三文鱼边角料、草鱼	鱼肉蛋白质含量丰富，而且相对于禽畜肉来说更容易消化，是很好的蛋白质来源。 和淡水鱼相比，海鱼中含有更多的维生素和矿物质，同时海鱼的鱼油中还含有丰富的ω-3系列多不饱和脂肪酸。 如果生食（淡水鱼含寄生虫的可能性较大，不建议生食），不用担心鱼刺的问题，因为生鱼刺柔软而有韧性，并且被鱼肉包裹，狗狗嚼碎后连肉带刺吞下，完全不会有问题。但是煮熟的鱼肉和鱼刺很容易分离，且鱼刺会变硬，这样就会有划伤消化道的危险，必须挑出鱼刺后再给狗狗食用。也可以连肉带刺剁成泥，煮熟了给狗狗吃，这样还能补天然钙
	动物副产品	鸡肝、鸭肝、鸡胗、鸭胗、鸡心、猪心、鸡血、鸭血	鸡肝营养丰富，而且狗狗非常喜欢，但是多吃容易导致维生素A过量，因此每周最好不要超过1副鸡肝。也可以把1副鸡肝煮熟切碎，分成几份，每次把1份拌入食物调味。鸡心和猪心同样要注意去除脂肪。鸡血、鸭血本身是很好的蛋白质来源（但现在市场上卖的鸡血、鸭血很多是造假掺假的，要谨慎购买）

续表

营养素	类别	食材名称	备注
蛋白质来源	蛋类	鸡蛋、鸭蛋、鹌鹑蛋	最好煮成溏心蛋，因为蛋清不能生吃，否则容易导致生物素缺乏，而蛋黄却是生的比熟的容易消化
	豆制品	豆腐、豆腐干	豆制品中的蛋白质属于植物性蛋白质，营养价值不如动物性蛋白质，所以不要长期以豆制品为主要蛋白质来源
	奶制品	酸奶、奶酪、奶粉	超市买的酸奶含糖量较高，最好不要给狗狗多吃，否则容易发胖。最理想的是自制无糖酸奶（做法见第177页"自制酸奶"）
	生骨肉	适合给狗狗吃的生骨肉有鸡骨架、鸭骨架，兔骨架，鸡鸭的头、脖子、翅膀、锁骨等，牛羊等畜类的尾骨、肋骨等，鱼头，鱼尾，整只鹌鹑	注意去除脂肪！所有产品需从给人类提供食材的正规渠道购买，以确保检疫合格
碳水化合物来源	瓜果	苹果、梨、香蕉、猕猴桃、木瓜、老南瓜、蓝莓、草莓	
	根茎	土豆、红薯	注意煮透
	谷物	米饭、粥、面条、馒头、麦片	
维生素和矿物质来源	蔬菜	各种叶菜，如生菜、紫甘蓝、圆白菜、大白菜、油麦菜、青菜、芹菜、菠菜等；各种芽苗菜，如黄豆芽、豌豆苗等；花菜类，如菜花、西蓝花等；各种茄果类蔬菜，如青椒、西红柿、嫩南瓜、黄瓜、冬瓜、西葫芦等；各种根茎类蔬菜，如白萝卜、水萝卜、胡萝卜、甜菜头	尽量选择膳食纤维含量少的
脂肪来源	动物油	鸡油、鸭油、鱼油	
	植物油	芝麻油、橄榄油、亚麻籽油、紫苏油、豆油、玉米油、花生油、葵花子油、椰子油	尽量选用冷榨植物油

5 自制狗饭有哪些常见误区

5.1 剩菜剩饭

不建议长期用剩菜剩饭喂狗狗，理由有以下几点：

1 营养不均衡。

2 通常含有过多的盐分及其他调味料，会刺激狗狗的肠胃，并给肾脏造成负担。

3 一般油水比较多，容易造成狗狗发胖。

4 可能含有不适合狗狗吃的骨头。

当然，世事无绝对。剩下的白米饭能给狗狗吃吗？当然能吃，前提是适当搭配肉类和蔬菜。剩下的白斩鸡能给狗狗吃吗？当然也能吃，前提是剔除不适合狗狗吃的鸡腿骨，并且不要蘸酱油。剩下的卤牛肉，用白开水泡去盐分，可以给狗狗吃吗？当然也可以！

所以，关于剩菜剩饭，我的建议是：

不要长期只给狗狗吃剩菜剩饭。

可以将有些剩菜剩饭作为自制狗饭的原料，以节约资源。

5.2 食材配比不当

只吃肉或者骨头

很多主人觉得，既然狗是食肉动物，就应该只吃肉，因而长期只给狗狗吃肉。还有些主人看到狗狗喜欢啃骨头，就给狗狗喂大量的骨头作为主食。我就遇到过只给狗狗吃鸡翅膀、鸡胗的，还有只给狗狗吃小排骨的。我养的第一只狗Doddy也同样是由我父亲去菜市场买些猪牛肉的边角料回来煮熟了喂食。其实狗狗是杂食性的食肉动物，除了肉肉，还需要适当吃些谷物和蔬菜。

长期单纯给狗狗以肉和骨头为主食，容易造成下列问题：

1 营养不均衡，容易引起各种维生素和矿物质缺乏或者过量。

例如那只长期以鸡翅为主食的狗狗，身上皮屑特别多，就是营养不均衡引起的。

2 大便过于干燥，容易造成便秘以及损伤直肠和肛门黏膜。

这主要见于吃大量骨头的情况。适量的蔬菜、水果可以提供膳食纤维，从肠道中吸收适量水分，使大便不至于过分干燥。

3 易造成肠梗阻。

给狗狗吃太多的骨头，除了会引起大便的问题之外，还有可能因为骨头不能消化而造成更大的危险——肠梗阻。

4　摄入过多脂肪，易引发心血管疾病以及因为油脂比例不当而造成肛门腺堵塞。

如果给狗狗喂食的都是脂肪含量比较低的兔肉、牛肉、鸡肉之类，并且注意剔除油脂的话，倒不会是个大问题。关键是，给狗狗以肉和骨头为主食的主人，通常不会留意脂肪的多少，而且很多主人是用脂肪含量特别高的边角料喂狗狗，这样就会引发前面所说的问题了。我家Doddy就是在13岁的时候死于心脏病的。

米饭为主

有些主人认为狗和人一样，应该以"饭"为主食，拌点肉作为"菜"就可以了，因此会给狗狗的饭食中添加大量米饭。

米饭富含碳水化合物，适量添加是没有问题的，而且狗狗也需要吃少量的碳水化合物，才能更好地消化吸收蛋白质，并给身体提供热量。但是如果添加过多，甚至以米饭为主，就容易引发各种健康问题。

1　狗狗对米饭的消化能力有限。米饭过多，狗狗不易消化，容易造成腹泻。

2　米饭中的主要营养物质——碳水化合物在体内除了供能之外，多余的会转化成脂肪堆积起来，因此容易造成狗狗发胖。

我曾见到过一对老人，因为自己常年吃素，家里的一只小泰迪来福也长期以米饭为主食，只添加少量蔬菜。结果我见到的那只2岁泰迪，长得圆滚滚的，完全没有腰身，明显过于肥胖。

3　因为缺乏蛋白质的摄入，长此以往，会造成狗狗肌肉无力、免疫力低下。

4 营养不均衡，容易引起各种维生素和矿物质缺乏。

我还认识一只中华田园犬"小灰"，主人长期只给它吃剩饭，很少有剩菜，偶尔喂些吃剩的肉骨头。10岁的时候，小灰突然后肢瘫痪，很像是维生素B_1缺乏引起的症状。主人说他以前养过几只狗，最后都出现了和小灰相同的状况。

食物品种单一

有些人虽然给狗狗做的饭荤素搭配，但是却长期采用单一食物品种，例如鸭肉+米饭+西蓝花。虽然，这些食材的营养都不错，但是长期不变地给狗狗吃这样的食物，也会造成营养不均衡，因为每一种食物中所含的营养都是不全面的。

蔬菜过多

有的主人在自制狗饭时会添加大量的蔬菜。虽然狗狗需要通过吃适量蔬菜来摄取维生素、矿物质和一定的膳食纤维，但狗狗毕竟是杂食性的肉食动物，无法消化大量的膳食纤维（蔬菜中含有膳食纤维）。过多的膳食纤维会在狗狗的肠道发酵，造成有害菌过度繁殖，引起胀气（你可以听到狗狗的肚子在咕噜咕噜叫）、放屁，甚至结肠炎等问题。

碳水化合物过多

吃太多富含碳水化合物的食物会造成狗狗因为无法完全消化而拉软便、溏便，甚至腹泻，严重的还会上吐下泻。有位妈妈给家里的几只狗狗做了这样一道饭：鸭肉+土豆+苹果+粥+胡萝卜。结果狗狗们上吐下泻。其实，这道狗饭食中的土豆、苹果和粥的主要营养成分都是碳水化合物，胡萝卜中也含有较多的碳水化合物，碳水化合物的比例过高。而且，土豆和胡萝卜中所含的淀粉是比较难消化的，烹煮时间又不够，没有充分糊化。此外，胡萝卜中还含有狗狗不能消化的木质素。由于上述原因，加上总的喂食量过多，造成狗狗消化不良、上吐（呕吐物为未充分消化的食物）下泻。

碰到这种问题不必过于惊慌，只要给狗狗禁食8~24小时，让肠道自我修复，等止吐止泻后，再逐步复食就可以了。

5.3 食材选取不当

例如用动物的肝脏作为蛋白质的主要来源。肝脏蛋白质含量高，狗狗也爱吃，但是，肝脏中含有大量维生素A，给狗狗长期大量喂食，会造成维生素A中毒。

5.4 烹饪方法不当

最常见的几种不恰当的烹饪方法有：

米饭、土豆、红薯等富含淀粉的食物煮的时间过短

这类富含淀粉的食物煮得不够烂熟，易出现消化不良的种种症状。前面说过，狗狗对碳水化合物的消化能力有限。最好能长时间烹煮，使淀粉糊化，才便于狗狗消化吸收。

肉类和蔬菜类食材烹煮时间过长、温度过高

生的食物更利于动物消化。如果烹煮时间过长，温度过高，反而不容易消化。此外，这样的烹煮方式还会破坏食材中的其他营养物质。

添加盐等调味料

具体内容见第59页"狗狗到底能不能吃盐"和第114页"辛辣调味品"。

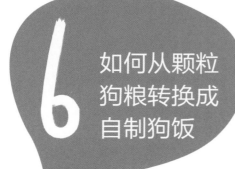

6 如何从颗粒狗粮转换成自制狗饭

看到这里，你可能已经有点动心，想自己动手给狗宝宝做点美食。但是，如果你家的狗狗之前一直是吃狗粮的，你可能又有点担心：换一种新的狗粮需要按照1/4原则慢慢转换，如果一下子把狗粮换成自制狗饭，是否也同样会引起狗狗的肠胃不适呢？是否也需要慢慢转换？

一般情况下，从狗粮转换成自制狗饭，是不需要慢慢转换的，可以直接从狗粮转换成自制狗饭。

曾经在我家寄养过10天的"乖乖"，寄养前吃了3年多狗粮，到我家来的时候圆滚滚的，肋骨都摸不到了。我决定用自制狗饭+生骨肉的方法帮它减肥。乖乖到我家是中午时分，当天拉了三次大便，都是偏软的，一捏就变形，气味臭，而且会粘在地上。来我家的当天晚上吃的是生骨肉，第二天早上是自制狗饭。整个寄养期间，一直是这样的食谱。大便变成一天1~2次，每次都是很标准的形状和硬度，即成条，落在地上捡起来不变形，要稍微用点力才能捏扁，而且味道不臭，就是一股淡淡的"大便味"。地上也干干净净不留痕。

老年犬需谨慎。如果你家狗狗已经进入老年，而且之前从未吃过自制狗饭或者生骨肉，那么最好谨慎一点，先喂少量的新食物尝试一下，再逐步增加，以免突然的转换造成其肠胃不适。

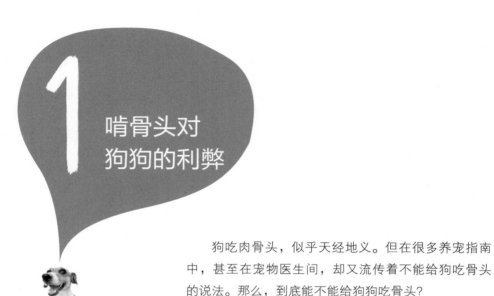

1 啃骨头对狗狗的利弊

狗吃肉骨头，似乎天经地义。但在很多养宠指南中，甚至在宠物医生间，却又流传着不能给狗吃骨头的说法。那么，到底能不能给狗狗吃骨头？

1.1 利

磨牙利器

对于处在牙齿发育阶段的幼犬来说，啃骨头不但可以消除牙齿生长带来的疼痛感，更可以帮助恒牙和乳牙正常替换，有效防止双排牙的发生（有很多宠物犬因为在换牙阶段没有啃咬骨头之类的硬物，造成恒牙长出后乳牙仍不脱落的"双排牙"现象，时间久了会引起牙龈发炎和口臭）。对于主人来说，如果能给狗狗合适的骨头磨牙，还能避免狗狗去啃咬家具，"搞破坏"。

休闲玩具

邱邱在啃羊蹄

大部分宠物狗在主人去上班之后，不得不独自在家。如何打发这漫漫长日呢？对于狗狗来说，抱块骨头啃啃，无疑是排遣无聊和寂寞的好方法。这相当于我们人类用嗑瓜子之类的"消闲果儿"来打发时间。不给狗狗啃骨头，实在是剥夺了它们狗生中极大的乐趣。

洁牙帮手

狗狗的牙齿很容易堆积牙结石，因此市面上有各种各样的狗狗专用咬胶、洁牙骨等产品出售，用来让狗狗啃咬，以清洁牙齿。

但是这些产品硬度不够，无法起到和天然骨头相当的洁牙作用。其次，适口性差，很多产品狗狗根本不爱啃。

最重要的是，绝大多数的洁牙骨产品都含有食品添加剂，偶尔啃一啃还无妨，如果长期给狗狗使用，反而会给狗狗的肝脏和肾脏增加负担，影响健康。

最好的洁牙骨就是纯天然的肉骨头！

天然钙源

狗狗的饮食必须注意钙磷比例适当。对于吃肉为主的狗狗，尤其要注意补钙。因为肉类中含磷较高，容易造成相对缺钙。而骨头是最佳的天然钙源。

1.2 弊

损伤牙齿

狗狗在啃咬过硬的肉骨头时，可能会损伤牙齿。

小型犬尤其容易发生这种情况。当初我家留下就是因为啃咬煮熟的猪棒骨造成2颗门牙断裂、3颗门牙松动，最终损失5颗门牙的惨痛教训。

划伤肠道

空心的长骨，例如鸡、鸭等禽类的腿骨，在被狗狗咬断后会形成尖锐的断面，容易划伤肠道。

我家小白曾捡了路上的一根鸡腿骨吃，结果第二天早上就拉肚子，大便中还带点血丝。遇到这类情况，如果出血不严重，不必急着将狗狗送医。先禁食8~24小时观察，看腹泻和出血的情况是否逐渐好转。小白在禁食8

小时后就完全康复了。等腹泻完全停止后，再逐步复食就可以了。

肠道梗阻

有个成语叫作"狼吞虎咽"。狗狗吃东西，往往喜欢不经咀嚼一口吞。如果吞下了一块不大不小的骨头，消化不了，就容易阻塞在肠道内，造成肠梗阻。这是最危险的，需要手术治疗。

骨头碎片嵌入牙缝

给狗狗吃煮熟的腿骨等空心的骨头比较容易发生这种情况。

如果狗狗吃过这类骨头后，发生流口水、有食欲却又不吃食的症状，主人应首先检查是否有骨头碎片嵌在其牙缝中。我以前见过一只名叫Sandy的流浪猫，一直流口水，给它食物，会很有兴趣地闻闻，但最终又不吃。我一检查，才发现它牙齿中嵌了一片骨头。

便秘

骨头中的矿物质会吸收肠道中的水分，因而吃骨头会使大便干燥，一般来说这属于正常情况。如果一次给狗狗吃过多的骨头，就容易引起狗狗便秘。

我家邻居的一只博美犬"吉米"，就曾经在一顿吃了好几块小排骨之后，连续三天拉不出大便。最后去医院照X光，发现肠道内全是大便！所幸医生用手把干硬的粪块抠了出来，不然就要开刀吃苦头了。

在了解了吃骨头可能给狗狗带来的这些危险之后，你可能会想，算了，我还是不要给狗狗吃骨头了吧。这种做法相当于是"因噎废食"。其实，只要了解了什么样的骨头狗狗可以吃，什么样的骨头不可以吃，以及怎样给狗狗吃骨头，那么上面提到的几种危险情况是完全可以避免的，狗狗还是可以安全地享用肉骨头的。

2 怎样吃骨头才安全

2.1 生骨头比熟骨头安全

煮熟的骨头硬度和脆性都比生骨头要大（除非用高压锅压酥），因此更容易发生前面所说的损伤牙齿、划伤肠道以及碎片嵌入牙缝的危险。

2.2 空心的长骨（即腿骨），不要给狗狗吃

所有动物的腿骨，因为需要支撑整个身体的重量，所以骨密度很高，非常硬，尤其是煮熟之后。前面已经说过，鸡鸭等禽类的腿骨，在被咬断后，断面尖锐，容易划伤肠道。猪牛羊等畜类的腿骨（即棒骨），也非常危险，狗狗为了吃到里面的骨髓，会用门牙去啃咬，坚硬的骨头会造成门牙断裂或者牙根松动。因此，绝对不要给小型犬喂食这类腿骨。即使是大型犬，也最好不要喂食。虽然对于大型犬来说，门牙断裂的可能性要小得多，但腿骨的碎片又大又硬，断面尖锐，也同样存在划伤肠道的风险。

所以说，不要给狗狗吃空心的长骨。

当然也有例外。正在写这部分内容的时候，恰巧得知一位读者给家里的哈士奇吃带骨头的生鸭腿已经有两个月了，从来没有发生过任何问题。仔细了解之后发现，这只小哈吃东西比较仔细，每次总是先用一侧牙齿嚼很久，再换另一侧牙齿嚼，这样左嚼嚼、右嚼嚼之后才

连肉带骨吞下去。它能长期吃鸭腿骨平安无事的原因
在于：①鸭腿是生的，骨头比较有韧性，不那么坚硬；
②咀嚼的时间比较长，把骨头咬得比较碎；③不是单独
吃腿骨，而是连肉带骨，也就是说骨头的外面包着一层
肉，起到了保护肠胃的作用。

2.3 骨头的大小要合适

一般来说，给狗狗啃咬的骨头宜大不宜小。有的主
人喜欢把骨头剁成小块喂给狗狗，其实那样反而增加了
肠梗阻的风险，因为小块的骨头更容易被狗狗一口吞
下。即使没有造成肠梗阻，未经咀嚼而被狗狗囫囵吞下
的骨头，例如大的关节骨，也会因为不易消化而给狗狗
造成肠胃疾病。尺寸大于狗狗嘴巴的骨头，狗狗吞不下
去，才会去啃咬。

2.4 喂食的量不要过多

量多容易便秘

狗狗在吃了骨头之后，粪便会变得干燥发硬，用手
一捏，会成为粉末状。偶尔发生这样的情况，完全没有
关系，主人不必担心。但如果喂食的量过多，就有可能
因为粪便过于干燥而造成便秘，或者由于粪便过硬而划
伤直肠及肛门。

量多容易呕吐

狗狗一次吃得过多或者没有充分咀嚼，会刺激身体
分泌过多的胃酸，导致呕吐。这种呕吐一般发生在进食
数小时后。如果是晚上吃的，则第二天早上可能会发生
呕吐。呕吐物通常为无色的液体（胃酸），可能混有白

色泡沫及少量骨头碎片。偶尔遇到这种情况，也不用担心，可以给狗狗吃点中和胃酸的药物，如铝碳酸镁片，不严重的话，也可以不做处理。以后只要适当减少骨头的喂食量就可以了。

刚开始我家留下晚饭吃3根鸭锁骨，第二天早上就会吐白色泡沫和无色液体。后来改成2根鸭锁骨，就再也没有发生过这种情况。

量多易发生肠梗阻

前面说到狗狗吞食骨头有肠梗阻的风险，这种情况往往还会发生在吞食过量骨头的时候。

因此，给狗狗喂食骨头应从少量开始，逐步增加，找到适合自家狗狗的安全用量。总的来说，宜少不宜多，以大便不过于干燥、不发生呕吐为宜。

如果狗狗只是偶尔吞下一块骨头，其实问题并不大。

2.5 教狗狗如何啃骨头

如果你的狗狗以前一直吃的是颗粒狗粮、罐头或者切碎处理的自制狗饭，从未吃过骨头，那么它很有可能不知道用牙齿来咀嚼骨头，而是会试图一口吞下去。这时你需要帮助它学习用牙齿来咀嚼。

首先找一根大小合适的骨头，然后用手捏住一端，让狗狗咬住另一端。适当用力，相当于帮助狗狗把骨头固定一下，不要让狗狗一下子把骨头抢走，但是也不要用力拉骨头。通常狗狗就会开始尝试用牙齿咀嚼了。这样辅助几次之后，如果发现狗狗已经会很自然地咀嚼骨头，就可以把安全的骨头给狗狗，让它自己慢慢啃了。

用做练习的骨头要足够长，能让你安全地捏住一端，不至于被狗咬到手；不要太宽，太宽的骨头狗狗比较难以下口；不要太硬，要比较容易让狗狗咬碎。经过整形的鸭锁骨是比较好的练习用骨（制作方法见第165页"风干鸭锁骨"）。

　　捏住骨头的时候一定要注意安全，因为狗狗在咬骨头的时候会用很大的咬合力，如果不小心咬到手指，就会发生流血事件。不要用手指捏住骨头（下图左），而是要把手握成拳头，把骨头包围在大拇指和食指之间（下图右），这样，哪怕你的手挨着狗狗的嘴，都不可能被咬伤。

狗模特乖乖，2014年流浪时被章妹妹救助。救助时因为营养不良而爆发全身性蠕虫螨，全身上下，包括脚趾的皮肤都长满了脓包。治愈后被现在的"爸爸妈妈"领养，养尊处优，成了幸福的"富二代"

错误

正确

3 哪些骨头吃着比较安全

3.1 各种软骨

软骨在安全性上是完全没有问题的，狗狗也很喜欢吃，唯一的缺点是硬度不够。如果想要洁牙的话，软骨就不是最理想的了。

3.2 各种剁成碎末的骨头

这是我父亲生前发明的。20年前，他负责给我养的第一只狗狗京巴Doddy做饭。他经常去买鸡骨架，像剁肉末一样把骨架全部细细地剁碎了给Doddy吃。Doddy吃完一点问题也没有。如果单纯为了补钙，或者给狗狗调节口味，这样做是完全可以的，但是剁成碎末的骨头失去了啃咬的作用。

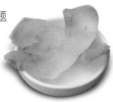

3.3 人类能咬碎且碎片又不尖锐的骨头

例如含软骨和红骨髓较多的小排骨、腿骨的关节部位等。

3.4 各种用高压锅压酥的骨头

压酥的骨头一嚼就烂，和用普通方法煮熟的骨头不同，所以在安全性上完全没有问题，但同样也失去了啃咬的作用。

3.5 鸡、鸭的脖子，翅膀，锁骨，牛羊的尾骨

要注意，这类骨头也要足够大，才可以让狗狗自己啃咬。有的主人把这类骨头切成不大不小的块，反倒容易让狗狗不经咀嚼就一口吞下，造成消化不良或者肠道梗阻。

3.6 兔子骨架、鸡骨架、鸭骨架

网上可以买到这类冷冻的骨架，是去头和腿的，给狗狗吃最合适了。要注意的是骨架上脂肪比较多，应去除脂肪后再给狗狗吃。

3.7 猪扇子骨

猪扇子骨（肩胛）硬度不高，而且充满了骨髓，狗狗非常爱吃。扇子骨体积较大，给小型犬吃的时候要注意，不要让它一次吃完，以免大便过分干燥。

3.8 鱼头、鱼尾

这两个部分没有尖刺，和禽类、畜类的骨头相比，硬度要小得多，狗狗可以安全食用。不过因为硬度小，洁牙效果就不那么好了。

这里所说的生骨肉，和前一部分所说的骨头略有不同。生骨肉即生的、带肉的骨架，可以作为狗狗的主食，而不是仅仅用来磨牙的零食，是最接近犬类在野生状态下的食物。

1 生骨肉的好处

1.1 最利于洁牙

狗狗在吃生骨肉的时候，需要通过撕扯、啃咬等动作将食物分成可吞咽的小块。在这个过程中，牙齿和牙龈组织几乎被彻底清洁，牙菌斑或者牙结石在长到致病的厚度之前就被摩擦掉了！狗狗进食的时间越长，清洁得越彻底！

我家留下从2010年10月到我家起，一直吃自制狗饭。由于我经常用纱布给它刷牙，总体上来说牙齿还算白净。但只要我一偷懒，连续一周左右不给它刷牙，牙齿就开始发黄。当我发现它两颗臼齿上形成了黄色的牙结石（厚度较薄）时，给它吃了一次生的鸡骨架，牙结石立刻就消失了！

1.2 最容易消化

生食比熟食更容易消化，而且对于狗狗来说，肉类又是最容易消化吸收的营养来源。可以试验一下，给狗狗吃相同重量的生骨肉和颗粒狗粮，你会发现吃生骨肉后排出的大便量要明显少于吃狗粮后排出的量。

1.3 最让狗狗迷恋

只要你给狗狗尝试过一次生骨肉，你就会明白，六星级狗粮神马的对于狗狗来说都是浮云！生骨肉才是真爱！

有个微信客户"懒羊羊妈妈"找我买烘干的鸭锁骨给她家的狗狗，理由是狗狗吃我赠送的鸭锁骨"很慌"。我问她什么叫"很慌"？她说，就是像做贼一样，拿到鸭锁骨就逃得远远地开始啃，好像生怕"妈妈"抢它的宝贝似的。如果没有经过训练，所有吃到生骨肉的狗狗都会"很慌"的！

2 关于生骨肉的疑问

2.1 生骨肉未经高温杀菌，是否会使狗狗感染细菌或者寄生虫

关于细菌

狗本身就是食腐动物，它们甚至可以以动物的腐尸为食。

有时候我们会看到，狗狗发现地上有臭鱼烂虾等动物腐尸时会兴奋地在上面打滚，就是这个原因。有很多狗狗爱捡垃圾，偶尔在垃圾桶旁边发现一块不知道扔了几天的肉骨头，趁主人不备快速吃下肚去，也不见有什么问题。还有很多狗狗有埋藏食物的天性，会把暂时吃不了的肉骨头埋在土里，想吃的时候再去挖出来吃。我在山村就经常见到狗狗这么干。

我们在前面讲过狗狗的唾液和胃酸都有强大的杀菌作用。因此，从人类超市购买来的冰鲜骨肉上的这点细菌对它们的健康是不会有什么影响的。

关于寄生虫

首先，我们人类食用的肉类一般都是经过检疫的，因此，从正规渠道购买检疫合格的产品能最大限度地避免从食物中感染寄生虫。

其次，买来的生骨肉放入冰箱（最好是-20℃以下）冷冻7天以上再给狗狗食用，也能杀死部分可能存在的寄生虫。

此外，我们也不用谈虫色变。动物体内有少量的寄生虫是不会对健康造成太大影响的。只要注意卫生，把狗狗的大便及时清理掉，寄生虫就不会在狗狗体内大量繁殖并达到致病的程度。

最后，按常规定期给狗狗进行体内驱虫，则更加保险。

要提醒主人注意的是，很多常见体内寄生虫的虫卵会随大便排出体外，如果不及时清理大便，虫卵就会附着在草丛或者泥土中。当狗狗闻嗅甚至吃大便的时候，虫卵就会进入狗狗体内并发育成成虫。因此，即使不吃生骨肉，狗狗也很容易感染体内寄生虫。**顺便呼吁一下，即便是在户外的草丛里，"家长"最好也能做到及时清理宝贝的大便，以减少狗狗重复感染寄生虫及其他疾病的概率。"我为人人，人人为我"。**

2.2 吃生骨肉，有损伤牙齿或者骨头卡入食管及刺伤肠道的危险吗

生骨肉也是骨头，所以同样需要注意安全。如果遵守第83页"怎样吃骨头才安全"中的注意事项，是不会有这些危险的。

2.3 吃生骨肉会激发狗狗的野性吗？会变得爱咬人吗

很多人担心给狗狗吃生骨肉会激发它的野性，甚至有人认真地问我，给狗狗吃惯了生肉，万一哪天主人受伤，狗狗会不会因为闻到血腥味而要吃人啊？

首先，即使是野狗，甚至是狗的祖先——狼，它们的天性也只是猎食食草动物，或者捡食老虎狮子等大型动物吃剩的动物尸体，而不是吃人！其实，大多数动物看到人类都是害怕的，如果不是出于保护自己或者孩子的目的，它们是不会主动攻击人类的。

其次，我们给狗狗吃的是生骨肉，不是活体，因此不用担心狗狗吃了生骨肉后会突然野性大发去抓只小动物来吃（有些品种的狗狗天性就喜欢追捕小动物，和吃生骨肉无关）。

事实胜于雄辩。我家的"毛孩子们"从2014年6月开始吃生骨肉，到现在已经3年多了，除了吃生骨肉时会表现得特别兴奋之外，其他一切正常，从来也没有想着要偷偷地吃了我。唯一的变化就是，原来它们不懂得要用那么大的力撕咬，自从吃了生骨肉之后，学会在咬骨头的时候用力了。因此，给它们喂食时一定要注意安全，不要让它们误伤到你。

此外，如果你不太懂得怎么控制你的狗狗，那么给它生骨肉之后一定要保持一定的距离，更不要企图去动它的骨头，否则狗狗有可能会为了保护骨头而误伤到你（预防和纠正狗狗护食行为的训练方法可参见我写的另一本书《汪星人潜能大开发》）。家里有小孩或者多只宠物的，要注意将它们分开。顺便说一下，我也曾不小心受过伤，但没有一只狗想要喝我的血。

小白在吃鸡骨架

3 喂食生骨肉需要注意的问题

3.1 剔除脂肪

犬类在野生状态下猎取的野生动物几乎没有肥胖的，而我们现在能获得的生骨肉几乎都来自饲养的动物，所含的脂肪特别多。

我刚开始给留下喂食鸡骨架和兔骨架时，没有注意这个问题，结果因为摄入的脂肪过多，本来应该是液态的肛门腺液，成了泥沙状的固体，无法排出并堵塞肛门腺，造成肛门腺反复发炎。经医生提醒，才发现这些骨架上居然有那么多的脂肪！所以，给狗狗喂食生骨肉的时候，一定要注意尽量剔除油脂。

3.2 补充蛋白质等其他营养物质

如果你准备给狗狗以生骨肉为主食，那么你需要了解，生骨肉中的主要营养来源是肉而不是骨头，因此，如果发现买来的骨架上面肉很少，就要注意额外给狗狗补充肉类等富含蛋白质的食物。

此外，还需要补充适量米饭等富含碳水化合物的食物和蔬菜等富含维生素、矿物质的食物。

3.3 每周喂食一次心、肝、肾等内脏

在野生状态下，犬类猎获动物之后会连内脏一起吃掉，而我们所购买到的骨架只包含肌肉和骨头。所以，最好每周给狗狗喂食一次动物的内脏，以确保营养均衡。

3.1 生熟不要同喂

消化生肉和熟肉所需要时间长短不同，生肉消化得快，熟肉消化得慢。因此生肉和熟肉最好不要同时喂，以免引起胀气。有的人喜欢把生肉拌颗粒狗粮给狗狗吃，其实狗粮是熟的，两者拌在一起就相当于生熟同喂。

3.5 喂食方法

把生骨肉剁成泥状再喂。3个月以下的幼犬，最好在肉骨泥中再拌入一粒多酶片，以帮助消化。注意，幼犬因为生长发育的需要，要以肉为主、以骨为辅。

幼犬

对于以前没有吃过生骨肉的成犬，应按照第85页的方法先教它学会啃咬骨头。等狗狗学会嚼碎骨头吞下去后，再让它吃生骨肉。生骨肉的尺寸要尽量大一些，一般建议小型犬每次1/4个鸡骨架，中型犬1/2个，大型犬则可以给整个鸡骨架。

成犬

另外，在有竞争的状态下，狗狗会快速吞下到嘴的食物。因此，如果有多个宠物，在喂食生骨肉时一定要将它们隔离，让它能安心啃咬。

给狗狗吃生骨肉会带来一个问题，除了某些什么都吃的"吃货"狗狗之外，稍微有些挑剔的狗狗就很难再让它们吃蔬菜和谷物了。因此我的经验是，一顿饭以谷物为主，添加蔬菜以及少量煮熟的肉和肉汤，也就是自制狗饭。而另一顿饭则只喂生骨肉。

3.6 适合给狗狗吃的生骨肉

参见第71页附表"自制狗饭食材举例"

前面几个部分分别介绍了颗粒狗粮、自制狗饭以及生骨肉，也许你会问，到底给狗狗吃什么好呢？

1 颗粒狗粮、剩菜剩饭、自制狗饭和生骨肉优缺点排名

首先，从狗狗的角度考虑，好的饮食应该是既健康又美味。而从主人的角度出发，可能还需要兼顾经济性和便利性。下面就从这几个方面来对狗粮、剩菜剩饭、自制狗饭和生骨肉的优缺点进行大比拼（1分为最低，5分为最高，分数越高越好）:

食物品种	营养均衡	化学有害物质	是否容易消化	是否易形成牙结石	适口性	方便性	成本	总分	排名
颗粒狗粮	4	1	3	3	3	5	2	21	4
剩菜剩饭	2	5	3	1	4	4	5	24	3
自制狗饭	5	5	4	1	4.5	3	3	25.5	2
生骨肉	4	5	5	5	5	4	4	32	1

2 颗粒狗粮、剩菜剩饭、自制狗饭和生骨肉优缺点分析

2.1 营养均衡

自制狗饭如果能按照前面介绍的方法和原则制作，那么就能保证营养均衡，所以给满分5分。

生骨肉是最接近狗狗自然状态的食物，好处很多。只不过单纯吃生骨肉，营养还欠缺一点，需要再补充少量谷物、蔬菜、内脏、肉，所以给4分。

剩菜剩饭最大的缺点就是营养不均衡，因此给了一个低分2分。

狗粮虽说有很多缺点，但毕竟是专业人员经过研究配制的，如果是品质比较好的优质狗粮，相对来说营养还是均衡的，所以给4分。但质量较差的狗粮，顶多只能打2分。

2.2 化学有害物质

狗粮最大的问题就是含有多种化学有害物质。

剩菜剩饭、自制狗饭、生骨肉，都是采用人类级别的原料，加工过程中也无须添加食品添加剂，所以给最高分5分。我们买来的人类级别的原料很可能也含有一些食品添加剂，但这已经是我们能力范围内所能做到最好的了。

2.3 消化率

大部分的狗粮因为含较多狗狗不容易消化的碳水化合物，而且高温加工会破坏食物中的酶，所以相对来说，狗粮是最不容易消化的，打3分。如果你选择的是动物性蛋白质含量较高而且添加了酶的狗粮，那么消化率就会高一些。

剩菜剩饭因为每次的内容都会变化，所以消化率也会随之变化。一般来说，米饭和蔬菜以及骨头的含量会比较高，肉的含量会较少，也是不太容易消化的，打3分。

按照狗狗营养需求配制的自制狗饭的消化率比较高，打4分。

生骨肉的消化率是最高的，打5分。

消化率的高低从粪便的情况基本上就能看出来。一般来说，给狗狗喂同等重量的食物后，大便的量越少，消化率越高。

2.4 牙结石

凡是软性的食物都非常容易使牙齿表面形成牙结石。

所以，在这个项目中，剩菜剩饭以及自制狗饭我都给了最低分1分。

狗粮，也会有食物残渣附着在牙齿表面，并且无法自洁，也会形成牙结石，只是相对较好一些，给3分。

最好的当然非生骨肉莫属了，在撕扯和啃咬的过程中，会起到比较彻底的清洁牙齿的作用，给5分。

2.5 适口性

所有食物中，适口性最差的要数狗粮，给3分。特别是生病或者刚做完手术的狗狗，自制狗饭往往比狗粮更能引起食欲。我的一个"狗学生""路飞"做完绝育手术后不肯吃狗粮，我让它的主人用鸡胸肉、米饭和西蓝花煮了"病号饭"，路飞立即就吃了。按照本书指导制作的自制狗饭，因为是天然食物的味道，并且肉类占的比重较高，所以适口性很好，给4.5分。

剩菜剩饭不稳定，如果肉比较多，狗狗就更爱吃；如果蔬菜和米饭较多，就没那么爱吃，但无论如何也比狗粮好一点，所以给4分。

生骨肉是狗狗的最爱，没有之一。很多平时不护食的狗狗，一旦得到了一大块生骨肉，就会立刻变得"舍命护肉"了，所以5分留给生骨肉！

2.6 方便性

方便性是对主人而言。最方便的当然是狗粮了，不仅喂食方便，携带也方便，5分。

其次是剩菜剩饭，只要主人有吃剩的，就有狗狗吃的。万一哪天没有剩菜，狗狗就只好饿肚子啦！所以打4分。

生骨肉也是比较方便的，只要从冰箱里拿出事先冷冻好的生骨肉，解冻后就可以给狗狗吃了（夏季甚至不必解冻，还可以让狗狗慢慢享受冰爽的滋味）。但是，如果出门旅行就不太方便了。所以也是4分。

相对来说，最不方便的是自制狗饭，需要每天做，而且需要主人了解一些基本的营养知识。给3分。

2.7 成本

以狗狗体重10千克为例。

颗粒狗粮：质量较好的国产狗粮价格约为30元/500克，10千克重的狗狗每天大约需要吃200克，折合人民币12元。

自制狗饭：以60%鸡胸肉外加米饭和圆白菜为例。每天需要的食物总量=10千克×3%=0.3千克＝300克。其中鸡胸肉=300克×60%=180克。鸡胸肉的市场价约为8元/500克（2017年），180克鸡胸肉价格近3元。加上米饭、蔬菜、煤气等其他成本，不会超过5元。

生骨肉：以鸡骨架为例。冷冻鸡骨架的零售价在5元/500克左右（包括快递费、剔除脂肪等因素，2017年物价）。10千克重的狗狗每天需要吃10千克×3%=0.3千克＝300克左右的鸡骨架，折合人民币约3元。

从上面的计算可以看到，狗粮是成本最高的。而且这是以国产狗粮为例。如果按照前面讲过的好狗粮的标准，选取更加好一点的进口天然狗粮，那么成本还要大大增加。

成本最低的当然是剩菜剩饭。

2.8 其他需要考虑的因素

在前面所比较的几个项目中，化学有害物质是最应该避免让狗狗摄入的，因为这会威胁到狗狗的肝、肾功能，并大大增加致癌风险。所以，从这个角度来说，长期让狗狗吃剩菜剩饭、自制狗饭和生骨肉中的任何一种食物，都比吃狗粮好。

前面还提到过，狗粮因为过于干燥以及添加了矿物质，很容易让狗狗患上结石。

给狗狗喂食生骨肉还有额外的益处：可以让幼犬磨牙，纠正幼犬啃咬物品的行为，给狗狗带去"狗生"最大的快乐。

2.9 补充说明

我没有将罐头狗粮加以比较，原因是罐头的价格要大大高于前面的任何一种食物，很少有人会把罐头作为长期给狗狗吃的主食。但是我们也应该了解，罐头狗粮中同样有许多添加剂，所以，就算价格不是问题，也最好不要长期给狗狗吃。

2.10 总结

没有哪一种饮食是最好的，只有最合适的，因为每一只狗狗都是单独的个体，每一位"狗爸"或"狗妈"也有不同的情况。

了解各种饮食的利弊，根据自己的实际情况，选择最适合自家宝贝的，才是最好的。

例如，我是这样安排狗狗们的日常饮食的：早餐是荤素搭配的自制狗饭，晚餐生骨肉。一周吃一次狗粮（这天给我自己放个假）。

哪些食物
狗狗不能吃

根据"为什么不能吃"的理由，我把狗狗不能吃或者不能多吃的食物分成"化学原因、物理原因以及不易消化"三大类。这样，"狗爸狗妈们"就能比较轻松地记住，并自己进行类推了。

1 化学原因

即食物中所含的某种成分对狗狗的健康有害。

1.1 巧克力、可可粉、所有巧克力制品

为什么有害

巧克力和可可粉中所含的可可碱，是造成狗狗中毒的主要因素。因为狗狗对可可碱的代谢速度要比人类低很多。狗狗短时间内摄入大量巧克力或其制品，会发生可可碱中毒，严重时会致命。

中毒症状

可可碱中毒的狗狗会出现呕吐、腹泻、气喘、烦躁不安、排尿次数增加或者尿失禁，以及肌肉颤抖等症

状。这些症状通常出现在狗狗摄入含可可碱的食物后4~5小时。当狗狗出现全身性强直的癫痫大发作症状时，狗狗死亡的概率就会比较大。

中毒剂量

并不是说，狗狗只要吃了巧克力就会中毒。当狗狗摄入可可碱的剂量达到每千克体重≥90~100毫克时才可能发生中毒。

各种巧克力制品中可可碱的含量差异很大。下表是以体重为10千克的小型犬为例，一些常见巧克力制品的中毒剂量：

食物名称	可可碱平均含量	摄入食物量	摄入可可碱总剂量	每千克体重摄入可可碱量
巧克力浆（chocolate liquor），也称烘焙用巧克力（baking chocolate），是用来生产所有巧克力制品的基础物质	1.22%	75克	915毫克	91.5毫克，中毒剂量
纯可可粉（cocoa powder），是常见巧克力制品中可可碱含量最高的	1.89%	50克	945毫克	94.5毫克，中毒剂量
半甜巧克力（semisweet chocolate）	0.463%	200克	926毫克	92.6毫克，中毒剂量
牛奶巧克力（milk chocolate）	0.153%	600克	918毫克	91.8毫克，中毒剂量

说明：

狗狗一般都喜欢巧克力的味道，如果少量吃一点，不会有可可碱中毒的危险。所有狗狗可可碱中毒的案例都是狗狗意外摄入大量巧克力引起的。不过，主人一旦给狗狗吃过一次巧克力，就会大大增加它偷吃的概率。所以，建议绝对不要主动给狗狗喂食巧克力制品。

误食处理

如果发现狗狗误食了巧克力制品，主人不要惊慌，先搞清楚是哪种巧克力制品，估算一下被狗狗吃下去的食物量，对照上表估算狗狗所摄入的可可碱总量，然后除以体重，算出每千克体重所摄入的可可碱剂量，判断是否达到中毒剂量。

如果远远低于中毒剂量，就不用处理。如果接近或者达到中毒剂量，应立即设法催吐。可以给狗狗灌入肥皂水，但这个方法家庭操作起来可能有困难。还可以立即给狗狗喝大量牛奶，使其腹泻，让有毒物质快速排出体外（我家留下体重8千克，曾误食可疑有毒物，我给它喝了1升牛奶，喝完后半小时左右开始水泻）。然后立即将狗狗送到医院，请医生处理。可可碱中毒没有特效解药，所以救命的关键是争分夺秒，尽量阻止可可碱通过消化道吸收、进入血液循环。

能不能给狗狗吃巧克力

不能！

1.2 咖啡、茶、可乐饮料

为什么有害

这类饮料中含有咖啡因，茶叶中还含有茶碱。咖啡因、茶碱和可可碱都是同一类物质，大量摄入后，狗狗会像吃巧克力一样发生中毒。

此外，可乐还有其他的健康危害，具体见第187页"可乐等其他饮料"中关于可乐饮料的部分。

能不能给狗狗喝咖啡、茶和可乐饮料

茶叶对身体有很多益处，可以适当让狗狗喝点茶水。具体见第186页"1.5茶水"中关于茶的部分。

咖啡和可乐饮料就不建议给狗狗尝试了。咖啡如果不加奶和糖，一般狗狗是不爱喝的，危险不大。而可乐饮料因为含糖，狗狗会比较爱喝。所以要特别小心，不要让狗狗偷喝。

1.3 洋葱

为什么有害

洋葱中含有的正丙基二硫化物对人类无害，却可能引起狗狗溶血性贫血，严重的

会导致死亡。值得注意的是，洋葱中所含的硫化物不容易被加热、烘干等因素破坏，所以无论生、熟都不能给狗狗吃。含有洋葱成分的食物也同样不能给狗狗吃。

中毒症状

红色至黑红色尿、呕吐、腹泻、食欲下降、精神沉郁、乏力、发烧以及牙龈和皮肤颜色苍白。在食用过量洋葱后可立即出现呕吐和腹泻的症状，其他症状通常在食用洋葱后10日内出现。

中毒剂量

15~20克/千克体重。

主人不要给狗狗吃洋葱。如果家里有什么东西都吃的"吃货"狗狗，最好把洋葱藏在狗狗偷不到的地方。我曾经看到过狗狗偷吃家里一整个洋葱后中毒尿血的案例。

虽然大多数狗狗并不太会去吃生的洋葱，但是，如果家里做了洋葱炒牛肉之类的菜，也一定要注意不让狗狗吃。我们小区就有一只叫Teeny的比熊，因为春节时翻吃了家里的垃圾而发生了严重贫血。主人回忆说可能是垃圾里有含洋葱的剩菜。

误食处理

如果狗狗只食用了少量洋葱（按前面的中毒剂量计算），没有出现任何中毒症状，只要停止喂食洋葱即可。

如果误食的量已经接近或者超过中毒剂量，或者狗狗已经出现呕吐、腹泻、血尿等症状，则应尽快就医。

能不能给狗狗吃洋葱

不能！

1.1 大蒜、大葱、小葱

为什么有害

大蒜、大葱、小葱和洋葱类似，如果狗狗食用过量也会发生溶血性贫血。

中毒剂量

我没有找到权威的资料说明这三种食物的中毒剂量。但是，"Wisepet"公众号2016年5月22日的一篇名为《大蒜！朋友还是敌人》的文章中提到大蒜喂饲过量的剂量为：>5克/千克体重。文中列举了研究数据：一只34千克的金毛寻回犬需要一次摄入5头或者75瓣大蒜才会对血红细胞有影响。而一只体重约4.5千克的狗狗，一次摄入25克（差不多半头）或者6~8瓣的大蒜会造成损伤。此外，在"好狗狗"公众号2014年8月11日的一篇名为《狗狗一尿一滩血，只因误食小洋葱》的文章中看到，一只金毛因为偷吃了"妈妈"刚从菜市场买回的1千克蒜头而中毒，发生尿血的案例。

误食处理

和误食洋葱相同。

能不能给狗狗吃大蒜、大葱和小葱

由于大蒜有杀菌和提高免疫力的功效，国外的很多狗狗食谱中都会用大蒜作为调味料。我自己这几年给家里的狗狗做饭时经常在里面加一点蒜末，一般是3只狗狗2瓣蒜的量，没有发生过任何问题。我曾经遇到过一个阿姨，她每天给家里的京巴吃1瓣生的大蒜，也没有发生过任何问题。那只京巴活到了19岁高龄，不知道是否得益于大蒜。但至少可以证明，这样的剂量对狗狗是没有害处的。

所以，我的建议是：如果你家的狗狗不可能自己去偷吃一整头大蒜，那么，不妨在给它做的自制狗饭中放点蒜末。但是，如果你家的狗狗是个什么都要吞进肚子的"吸尘器"，那么还是不要给它尝试大蒜了。万一它爱上了这个味道，自己去偷1千克来解馋就后悔莫及了！当然，家里的大蒜一定要藏好！

而大葱和小葱对健康并没有像大蒜这么多的好处，所以，为了狗狗的安全，建议不要喂食，也不要给狗狗吃含有大葱或者小葱的食物。

1.5 葡萄、葡萄干

为什么有害

葡萄和葡萄干会导致狗狗腹泻，严重的可能引起急性肾衰竭甚至死亡，但是中毒机制尚不明确。

中毒症状

狗狗食用葡萄或者葡萄干中毒后首先出现的症状为呕吐和腹泻，通常在食用后数小时内发生。呕吐物或粪便中可见葡萄或者葡萄干。随后会出现无力、拒食、饮水量增加以及腹痛。48小时内可发生急性肾衰，出现无尿症状。

中毒剂量

尚未确定。但有研究估计狗狗食用葡萄或者葡萄干的中毒剂量为≥3克/千克体重（来源：维基百科）。王天飞在《好狗粮是怎样炼成的》一书中提到，曾经做过的一个实验：给一只2月龄金毛、一只4月龄巨贵、一只1岁阿拉斯加分别喂食100克新鲜葡萄，结果三只狗均在24小时内出现轻微腹泻和食欲不振，血检呈弱氮血症。

误食处理

如果发现狗狗误食葡萄或者葡萄干，而且接近中毒剂量，应在误食后2小时内催吐，同时尽快送医院。

能不能给狗狗吃葡萄或葡萄干

不能！

1.6 牛油果

牛油果，又称鳄梨，营养价值很高，它含有多种脂肪酸，有益于毛皮健康。有的狗粮就宣称含有"牛油果"，但网上又传不能给狗狗吃牛油果。那么到底能不能吃呢？

为什么有害

牛油果对于狗狗的危险主要有两点。第一是它的果核，如果狗狗不慎吞下，有肠梗阻的危险。这一点是毋庸置疑的。第二在于它所含的一种名为甘油酸（persin）的物质。据有关资料显示，这种物质对犬、猫等多种动物有害。美国禁止虐待动物协会（ASPCA）将其列为对多种动物包括犬、猫以及马等有毒的食物。而牛油果系列狗粮是提取了对狗狗无害的牛油果油（来源：维基百科"Avocado"词条）。但是我没有找到其他更为权威的、关于牛油果会造成狗狗中毒的资料以及中毒剂量。

能不能给狗狗吃牛油果

韩国营养师金泰希写的《狗狗饭食》一书中，将牛油果列为狗狗可以食用的水果一类，并且提供了一道"牛肉鳄梨"的食谱。在这道食谱中，她用了1/4个牛油果。金泰希在书中也提到，牛油果可能会导致狗狗腹泻，因此要注意"不能提供太大的分量"。

我在不知道牛油果可能对狗狗有害时，曾给我们家的3只狗吃过我做的牛油果酸奶奶昔。一个牛油果，我和3个"毛孩子"分食后没有任何异常反应。

所以，关于牛油果，我的建议是：和大蒜一样，如果家里有吃货狗狗，就不要让它尝鲜了！万一它喜欢上了这个味道，趁主人不注意囫囵吞下几个牛油果，既有肠梗阻的危险，又会有中毒的风险。如果不担心狗狗会一口气偷吃一整个牛油果，那么给狗狗吃少量的牛油果是没有问题的，甚至是有利于健康的。

1.7 生蛋清

为什么有害

生的鸡蛋清中含有一种叫作抗生物素蛋白（avidin）的物质，会阻碍狗狗对生物素的吸收，引起生物素缺乏，导致掉毛、皮炎、幼犬发育不良等症状。

生蛋清中还含有胰蛋白酶抑制剂，会影响身体对食物中蛋白质的消化，导致溏便、慢性腹泻、体重减轻等症状。

中毒剂量

有报告称一天2个生鸡蛋的量就会导致狗狗腹泻。我们小区有只馋嘴的柴犬"小二"，就曾经在偷吃了1个生鸡蛋后即发生腹泻。

如果不考虑细菌问题的话，鸡蛋黄是可以生吃的，因为生的鸡蛋黄对狗狗来说更容易消化。

如何吃鸡蛋

如果鸡蛋足够新鲜的话，建议煮成溏心蛋，把蛋清煮熟，蛋黄半熟。

1.8 动物肝脏

为什么有害

动物肝脏营养丰富，而且狗狗非常喜欢肝脏的味道，因此，很多狗粮中都会添加肝脏来增加适口性。但是肝脏中的营养并不均衡，它含钙量极低，同时还含有大量维生素A。长期给狗狗喂食大量肝脏，容易引起维生素A中毒。

中毒症状

食欲减退、体重减轻；四肢关节肿胀、疼痛，跛行；有的病犬出现全身震颤、尿失禁。

中毒剂量

没有找到权威的资料说明肝脏会造成狗狗维生素A中毒的剂量。但是，因为在自然界，犬科动物捕获猎物之后是会连肝脏等内脏一起吃掉的。一般肝脏只占动物体重的2%~6%，所以，如果按照这个比例给狗狗喂食肝脏的话，是不会有危险的。

能不能给狗狗吃肝脏

可以，但是建议只把肝脏作为自制狗饭的调味品，不要超过食物总重量的5%。

1.9 生猪肉

为什么有害

生猪肉中可能携带一种名为"伪狂犬病毒"的致命病毒，喂食生猪肉有可能使狗狗感染这种病毒，患上"伪狂犬病"（Aujeszky's Disease)，导致死亡。目前这种病只能靠预防为主，没有有效的治疗措施。

感染症状

起初病犬精神抑郁，凝视和舐擦皮肤某一受伤处，随后局部瘙痒，主要见于面部、耳部和肩部，病犬用爪搔或用嘴咬，产生大块烂斑，周围组织肿胀，甚至形成很深的破损。病犬烦躁不安，对外界刺激反应强烈，有攻击性。后期大部分病犬头颈部肌肉和口唇部肌肉痉挛，呼吸困难，常于24~36小时死亡（摘自《宠物医生手册》第247页）。

能不能给狗狗喂食生猪肉

不能！

1.10 牛奶、奶制品

为什么有害

　　牛奶中含有乳糖，需要乳糖酶才能消化。然而，幼犬及幼猫断奶后，体内的乳糖酶就开始逐渐减少。因此，许多成年的犬、猫无法产生足够多的乳糖酶来完全消化牛奶中的乳糖。一旦摄入大量牛奶，会引起肠胃不适以及腹泻。人类其实也有这种现象。有很多人因为乳糖不耐受症而腹泻。

　　其他的乳制品，例如酸奶、奶酪、奶粉等的乳糖含量要低于牛奶，狗狗对于这些产品的耐受度要高一些。但是如果大量摄入，仍然有可能会引起腹泻。

能不能给狗狗喝牛奶

　　由于个体差异，每一只狗狗对于乳糖不耐受的程度有所不同。所以，可以根据狗狗耐受的情况（以是否引起腹泻为标准），给它喂适量牛奶或乳制品。

1.11 新鲜水果核

为什么有害

　　果核是果实中坚硬并包含果仁的部分。新鲜水果的果仁含有氰化物，可妨碍细胞正常呼吸，造成组织缺氧，导致机体陷入内窒息状态。

中毒剂量

　　没有查到关于新鲜果仁造成狗狗中毒的案例以及剂量。

每种果仁中氰化物的含量是不同的。一般来说，果仁越大，氰化物含量越高。

在网上可以查到（2013年9月22日01：21新华报业网《扬子晚报》）一名1岁多的小孩在喝了半碗苹果汁后发生中毒的案例，原因是姥姥直接将1个苹果切成四瓣榨汁，没有去除苹果核。

我也遇到过狗狗连核吃下苹果并没有中毒的情况。其原因可能是，正常情况下果仁的外面有一层皮包裹，如苹果核外面的那层光滑的褐色硬皮，可不让有毒成分释放。如果狗狗没有将其嚼碎，而是连果肉带核一起吞下，就会将完整的核随粪便排出，不会接触到其中的有毒物质。

能不能给狗狗吃新鲜水果核

不能！

不要给狗狗吃新鲜水果的果核。比较容易发生的情况是，给狗狗吃苹果时不去除苹果核，或者在榨汁时，连核一起榨，然后给狗狗喝榨好的果汁。平时要注意避免此类情况。

1.12 辛辣调味品

为什么有害

辣椒、花椒等辛辣的调味品尽量不要给狗狗吃。辛辣的调味品会刺激肠胃，容易造成狗狗腹泻和不适。此外，如果长期给狗狗吃这类有刺激性气味的调味品的话，还会影响狗狗的嗅觉。

能不能给狗狗吃辛辣调味品

偶尔、少量地给狗狗吃是没有问题的。不过，狗狗最喜欢的是肉的香气，所以完全没有必要给它们吃这些调味品。

1.13 高糖食物

为什么有害

高糖食品如冰激凌、奶油蛋糕等容易引起狗狗发胖，诱发一系列疾病，如脂肪肝、糖尿病、高脂血症、冠心病等，还易使狗狗患口腔疾病。而且一旦摄入大量蔗糖或果糖，容易肠胃不适，引起呕吐或腹泻。

能不能给狗狗吃高糖食物

偶尔、少量，可以。

1.14 人类的药物

为什么有害

有些人类的药物，狗狗不能用。例如很多人用的感冒药都含有一种名为"乙酰氨基酚"的成分，会造成狗狗肝细胞损伤和坏死，严重者会导致死亡；还有些感冒药中含有咖啡因和伪麻黄碱，可引起狗狗心率加快、体温升高、过度兴奋等，严重的会导致狗狗昏迷甚至死亡。有些药即使能用，也必须要换算剂量。

能不能给狗狗吃人类的药物

不能自己随意给狗狗服用。

2 物理原因

由于食物的物理特性，会有损狗狗的健康，即机械伤害，包括崩牙、梗阻、划伤等。

2.1 咬碎后断面尖锐的骨头

例如鸡鸭等禽类的腿骨，大的鱼刺，猪、牛、羊的筒骨，都有可能会刺伤狗狗的消化道，引起消化道出血。

2.2 易造成肠梗阻的物体

任何坚硬的、狗狗无法消化且会被狗狗一口吞下、从而造成肠梗阻的物体。包括不大不小的硬骨、玉米心、任何带坚硬果核的水果，例如桃子、李子、整颗山核桃等。

3 不易消化

3.1 含膳食纤维多的食物

例如竹笋、韭菜、谷物皮、菌菇等。狗狗不善于消化膳食纤维，容易引起狗狗胀气、便秘或者腹泻。

3.2 大量谷物

狗狗不容易消化谷物等富含碳水化合物的食物，其中最不容易消化的是糯米类食物。吃很少量没有关系，吃多了会导致腹泻甚至其他更严重的问题。

摄入过多的碳水化合物还容易引起肥胖，导致糖尿病等疾病。

3.3 过多的蛋黄

蛋黄虽然营养丰富，但是过多的蛋黄，尤其是煮熟的蛋黄不易消化，且蛋黄中脂肪含量较高，容易造成呕吐、腹泻、肥胖等。

3.4 大量肥肉或油脂

除了会导致狗狗发胖之外，还可能会导致狗狗腹泻、肛门腺发炎、胰腺炎等问题。

3.5 发酵面团

未经烘烤的发酵面团，如果不慎被狗狗吃下，会在消化系统内扩张、产生气体，引起疼痛；在发酵过程中还会产生酒精，使狗狗同时酒精中毒。

1 喂食量过多或者过少有何坏处

狗的祖先——狼在丛林里生活的时候，没有人天天把饭菜端到眼前，必须自己去打猎，或者碰运气寻找狮子、老虎等大型动物吃剩的食物。一旦找到了食物，就要赶快尽量吃完，因为接下来的几天也许运气就不会那么好了。狗狗遗传了祖先的这个天性，只要眼前有食物，就会先吞下肚子。所以，很多主人会觉得自家的狗狗怎么总是吃不饱似的，给它多少食物都能吃光。这样就很容易造成喂食过量。

如果给狗狗吃得太少，会造成营养不良，影响狗狗的生长发育，并导致免疫力低下。

但是，吃得太多，对狗狗也是有害的！对于成犬来说，吃得太多，会导致肥胖，引起心血管疾病等多种疾病，同时也会让狗狗的关节承受更多的压力。幼犬，吃得太多，还可能导致身体总体发育速度超过骨骼的生长速度，从而导致骨骼畸形。对于大型犬的幼犬尤其要注意这一点。浑身上下圆鼓鼓的"婴儿肥"，虽然看着很萌，实际上是潜在的健康风险！

2 你家狗狗身材标准吗

判断狗狗的身材是否标准，有四个方法。

2.1 看腰身

简单地说，从侧面看狗狗的时候应能看到腰身和腹部曲线。如果发现狗狗的腰围和胸围一般大小，像个水桶腰，根本看不到腰身和腹部曲线，那么你的狗狗绝对该减肥啦。用目测法判断时，要注意排除毛发的干扰。可以用手将蓬松的毛发轻轻压紧，或者给狗狗洗澡时趁毛湿的时候观察。

2.2 摸肋骨

如果看不见肋骨，但是用手触摸狗狗的胸部可以很容易触摸到肋骨，那么说明狗狗的身材比较理想。如果肋骨很难触摸到，或者根本触摸不到，则说明狗狗偏胖了！你可以触摸自己的肋骨感受一下。

2.3 身材评分

我们还可以将目测和触摸相结合，将狗狗的实际体型和理想体型进行比较，对狗狗的身材进行评级，对狗狗是偏瘦还是超重作出更为准确的判断。身材评级包括以下5组（身材评级表）：

A 消瘦
肌肉明显减少，没有脂肪层，能轻易看见肋骨和盆骨

B 瘦
腰身及腹部曲线明显，肋骨可见，盆骨有少量组织覆盖

C 理想
腰身及腹部曲线可见，肋骨可以触摸到，但不可见

D 超重
没有腰身，腹部曲线消失，肋骨较难触摸到，尾巴根部处形成脂肪垫

E 肥胖
腰身及腹部突出，肋骨触摸不到，尾巴根部处有厚厚的脂肪储存

2.1 称重

定期称体重比以上任何一种方法都能更精确地评估饮食是否适当，便于及时调整。

对于幼犬来说，定期称体重尤为重要，因为这是检查它们生长发育是否正常的好办法。幼犬在出生后5个月内应按每千克预计成犬体重每天增加2~4克的重量。假如你养的幼犬成年后体重预计在10千克左右，那么在

5月龄内，狗宝宝的体重应该每天增加20~40克。

　　大多数中小型犬的幼犬会在4月龄时达到成年体重的50%。如果体重增加过慢，就需要增加食物量或者提高食物质量；而体重增加过快的话，也要相应调整食物。

　　例如一只成年后体重在5千克左右的泰迪犬幼犬，在它出生后的前5个月内，体重应该每天增加10~20克，到4月龄时，体重应在2.5千克左右。

　　对于成犬，最好也能每隔1~2周称一次体重。如果目前身材是理想状态，那么就应尽量保持当前体重。一旦发现体重增加，就应及时调整饮食和运动量。如果身材偏瘦或者偏胖，则应相应增加或者减少喂食量，同时观察体重。如果发现体重向期望值变化，就说明喂食量合适；否则就应调整喂食量，直到身材达标。

　　我的经验是每次称重都精确到小数点后面2位数字，这样，在肉眼能看到狗狗身材变化之前，小数点后面数字的变化能及早地反映体重变化的趋势，便于及时调整喂食量。要注意的是，每次应在相同的时间段称重，这样比较才有意义。

3 吃多少才算合适

　　精确的喂食量应该根据狗狗每日所需要的热量，通过计算得出。但是，对于普通的宠物犬主人，我并不推荐这种方法。理由很简单，太麻烦了。而且每一只狗狗的新陈代谢率是不同的，跟人一样，有的吃死不胖，有的喝水也胖。就算是同一只狗狗，在运动量不同的情况下，所需的热量也不同。睡了一整天和玩了一整天所需要的热量显然是不一样的。

　　因此，对于普通的宠物犬主人，我推荐用最简单的试错法，即先确定一个大概的喂食量，然后根据狗狗的情况进行调整。

如果喂的是颗粒狗粮

　　先仔细阅读狗粮包装袋上的标签，上面有不同体重狗狗的参考喂食量的范围值。先从推荐喂食量的最低值开始，然后每周称体重，并结合身材评级，根据需要逐步增加喂食量。

如果喂的是自制狗饭

　　可以先以狗狗体重的3%作为每日喂食总量的基础值。然后同样地，通过称重并结合身材评级，根据需要逐步增加或者减少喂食量。

4 每天吃几顿呢

健康的狗狗通常食欲旺盛，我们应一天喂几次呢？

1.1 幼犬

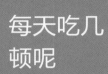

先维持原来的喂食规律

幼犬刚到家，无论是几个月大，由于环境的彻底改变，加上失去了母亲和同伴，它会感到巨大的压力。这时如果再改变饮食结构和喂食规律，会加重它的紧张程度，使幼犬消化系统不适，导致腹泻。所以，刚开始的几天应尽可能保持原来的食物和喂食时间不变，然后，新主人再根据自己的情况逐渐改变食物和喂食规律。

少量多餐

幼犬的胃容量非常小，因此应遵守少量多餐的原则。

总的来说，断奶越早，喂食的次数应越多，每顿的量要越少。两三个月以内的幼犬，一天一般要喂4顿。

随着幼犬的长大，它可能会对某一顿兴趣变低了（例如到了吃饭时间还在睡觉，没有主动过来讨食，需要主人呼唤才会来吃），此时可以取消这顿，其他3顿之间的时间就拉长了。同样地，再过一段时间后，它对其中的1顿饭的兴趣又会降低，这时，喂食次数可以减少至一天2次。

对于整天都在想着吃的狗狗，主人必须限制它的食量，否则就容易患上肥胖症。

4.2 成犬

可以一天喂食1顿

等到狗狗成年之后，可以一天只喂食1顿。

最好是一天2顿

但还是建议一天喂食2顿，原因如下：

❶ 和一天2顿相比，一天喂食1顿的话，狗狗的饥饿感会更强，而动物在非常饥饿的时候容易摄入比实际需要更多的食物。

❷ 一天吃2顿可以给"狗生"增加点乐趣，减少无聊的感觉。很多狗狗在饭后喜欢打个盹，这样对于必须白天独自在家的狗狗来说，更好打发时间。

❸ 对于消化系统来说，2顿小餐比1顿大餐要容易消化。可以把一天的总喂食量分成2等份，或者分成1/3的一份和2/3的一份。

巨型犬需要的食物量多，而消化能力相对有限，应提供易消化的食物，并将一天的喂食量分成2~3顿，以避免胃的过度紧张，保证正常消化。

4.3 老年犬

一般来说，中小型犬7岁、大型犬5岁左右就进入老年了。这时，它们的胃口通常会下降，消化系统也不太能一次对付大量食物了。对于这类狗狗，至少应一天喂食2次。随着年龄的增长，每天的喂食量应尽可能分成更小份，可以分成3~4顿喂食。

4.4 适度保持饥饿感

适当地让狗狗有饥饿感，比成天都给它们喂得饱饱的，更有利健康。

很多狗主人喜欢永远把狗狗的食盆里放满食物，让狗狗随时想吃就吃。这样不但会造成狗狗护食等行为问题，还容易引起消化不良。

尽可能在两餐之间让狗狗保持饥饿感，有助于它更好地消化食物。

5 断食

派特·拉扎鲁思（Pat Lazarus）在《用自然疗法保持狗狗健康》（*Keep Your Dog Healthy the Natural Way*）一书中建议对2周岁以上的狗狗实行每周一次、每次24小时的断食。对于4个月至2周岁的狗狗实行每周一次、每次半天以及每月一次全天的断食。在断食期间，除了清水，不提供任何食物。

这样的断食，可以让肠胃系统有机会充分地休整，并进行排毒。如果你和我一样喜欢练习瑜伽，那么你对断食的概念应当不会陌生。许多瑜伽练习者会通过一天甚至连续几天的断食来整理肠胃和排毒。许多专业的犬类繁殖基地也会对基地的狗狗实行一周一次断食。对于野生状态的犬类祖先们来说，断食根本就不是什么时髦的名词。它们本来就不可能幸运到每天都能找到猎物，如果偶尔一整天找不到食物的话，它们的身体也能保持健康状态。

其实，狗狗在身体不适的时候，自己也会采取"断食"的方法来调整。例如我家小白（中华田园犬）有时候就会某一顿饭不吃（不是挑食），到了下一顿吃饭时间又恢复正常。如果狗狗其他情况都正常，没有腹泻、呕吐、发热等综合症状，那么就可以顺其自然，不要强迫狗狗进食。

断食的注意点

1 患病的狗狗，未经医生允许，不要随意断食。

2 断食应选主人在家的时候，而不要选择主人一整天都不在家的时候。

那样有可能让狗狗以为家里发生了什么变故，感到焦虑。同理，最好有规律地进行断食，例如每周日。

3 断食的当天，最好多陪伴狗狗，以分散它对食物的注意力。

当然，最好主人也一起断食，大家健康！如果主人不能断食，那么至少不要当着狗狗的面大吃大喝。

4 断食后的第一顿饭应比平时减少一半左右，以便让肠胃有逐步适应的过程。

1 制作狗食的常用设备

"工欲善其事，必先利其器"。下面推荐几款自制狗狗正餐和零食最常用的设备：

手持式搅拌机

这种搅拌机最大的好处是可以将食物放在任何容器中进行搅拌，而且清洁起来非常方便，只要把搅拌机放入一杯清水中搅拌几秒钟就可以了。通常这种搅拌机还会配置粉碎刀头，可以用来将固体食物打成粉末。

碎菜机

用这种碎菜机可以很方便地把蔬菜水果切割成适合狗狗食用的大小，大大提高备菜的效率，特别适合多狗家庭，以及家有食量比较大的中大型犬的家庭。

食品风干机

强力推荐食品风干机。这种机器利用热风循环，低温（通常在35~70℃）将食物风干，能最大程度保留食物中的营养，而且操作方便，是给"毛孩子们"自制零食的基本设备。建议选择层高可以调节的不锈钢风干机，适用范围比较广泛。

电烤箱

用电烤箱可以制作更多品种的零食，例如各种狗饼干。建议买有"发酵"挡的烤箱，还可以用来自制健康的酸奶给狗狗喝。

厨房秤

刚开始给狗狗自制饭食时，最好称一下各种食材的重量。有一台厨房秤会方便很多。

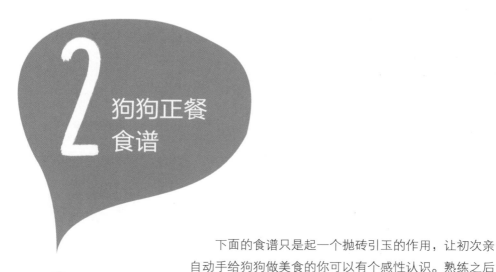

2 狗狗正餐食谱

下面的食谱只是起一个抛砖引玉的作用，让初次亲自动手给狗狗做美食的你可以有个感性认识。熟练之后你就可以根据前面学到的内容，自己变换各种食材，给狗宝贝做出更多的美食！

准备工作

肉切多大

狗狗吃的肉，除了大块的生骨肉之外，最好切得小一点。因为对于切碎的肉块，狗狗是不会像人类一样咀嚼的，而是会直接吞咽，所以切得小容易消化。我家三只狗都是小型犬，我一般是切成指甲盖大小。你可以根据狗狗的体型和消化能力适当调整。

蔬菜切多碎

蔬菜也要根据狗狗的情况切成合适的大小。从易于消化的角度考虑，当然是切得越碎越好。对于消化能力较弱的幼犬和老年犬，最好是用搅拌机打成蔬菜泥。不过，切得太碎，蔬菜的体积会变小，不易产生饱腹感。所以，对于需要减肥的胖狗，最好多选用体积比较大的瓜果类蔬菜，例如黄瓜、冬瓜、西葫芦等，而且不要把蔬菜切得太碎。

添加多少油

为了保证各种脂肪酸的平衡，我们在自制狗饭时需要添加适量的鱼油以及植物油。本书中所有食谱统一用"适量"，请根据狗狗的体型和年龄参照下表进行添加。胖狗和不太运动的狗狗添加得少一点；幼犬、运动量大的狗狗以及偏瘦的狗狗添加得多一点。

体型（体重）	毫升数
小型（10 千克以下）	1~2 毫升
中型（11~20 千克）	3~6 毫升
大型犬（21~30 千克）	4~8 毫升
巨型犬（30 千克以上）	6~12 毫升

用多少食材

因为每一只狗狗的情况不同，所以我在有些食谱中没有提到具体的用量。对于这类食谱，请根据前面学过的公式，计算出你家狗狗的基础用量，再配合称体重，进行适当调整：每天的食材总量=狗狗体重×3%；蛋白质来源食材量=食材总量×60%；碳水化合物来源食材量=食材总量×20%；维生素与矿物质来源食材量=食材总量×20%。

狗狗不爱吃蔬菜、水果

对于不爱吃蔬果的狗狗，应先少加点蔬菜、水果，以后逐步增加；把蔬菜、水果打成泥和肉类拌匀，也能让狗狗容易接受；最后，还可以加点肉汤、鸡肝泥或者酸奶等调料。

生肉如何处理

虽然狗狗对付细菌的能力比人类强，但我们还是应尽量少让它们吃点细菌。对于准备给狗狗生食的肉，最好在冷冻后急速解冻，即把冷冻的肉块浸泡在冷水中，并经常换水，同时用流动水冲洗。待肉块略微软化后，将其切成小块继续浸泡，可以加速解冻。这样解冻的肉类表面细菌较少。解冻后的肉，夏季可以直接给狗狗食用，冬季最好用温水浸泡1分钟左右。

节约时间的小窍门

可以一次性煮好2~3天用的肉类，放在冰箱里，用的时候取出，用开水加温。如果碳水化合物来源采用红薯、土豆、米饭等需要水煮的原料，也可以一次煮好2~3天的量。蔬菜最好随吃随加工，太早切碎营养容易流失。

食谱

鸭肉苹果

食材　

蛋白质来源：鸭胸肉

碳水化合物来源：苹果

维生素、矿物质来源：紫甘蓝、黄瓜

不饱和脂肪酸来源：三文鱼油

制作
方法

1　鸭胸肉解冻后切成小丁，用温水浸泡一下（天热可以不泡）。

2　苹果洗净去核，紫甘蓝、黄瓜洗净，全部切碎。

3　将鸭肉丁和蔬果碎混合，加入适量三文鱼油搅拌均匀即可。

蓝老师
有话说

（1）这道菜做起来非常方便，完全不用动火，省时省力，而且最大程度地保留了食物中的营养成分，便于消化吸收。既是入门级的狗狗食谱，也可作为长期给狗狗食用的基本食谱。我家的三位汪星人每天的早餐基本就是用这道食谱及其"变异"（即更换食物品种）。

（2）如果暂时不能接受生食，或者狗狗不爱吃蔬果，可以将适量水烧开，把鸭肉丁放入沸水中汆一下，至表面变色即关火。连汤带肉和果蔬碎一起拌匀。

蓝老师
有话说

紫菜是一种海藻，和陆生植物相比，海藻含有更加丰富的维生素和矿物质，同时还含有绝大多数陆生植物所不含的 ω-3系列不饱和脂肪酸。

鸡肉西蓝花拌饭

食材

蛋白质来源：鸡胸肉
碳水化合物来源：米饭
维生素、矿物质来源：西蓝花、胡萝卜、炒紫菜
不饱和脂肪酸来源：初榨橄榄油

制作方法

1　炒紫菜做法：紫菜在清水中泡发，换水浸泡半小时左右，剪碎。平底锅烧热，转成均匀小火，倒入少许橄榄油，加入剪碎的紫菜，不停翻炒，至紫菜松脆，冷却后装在玻璃瓶中密封，放冰箱冷藏室储存备用。

2　鸡胸肉切丁；西蓝花洗净，取花的部分切碎（如果不想浪费茎的部位，可以将茎去皮后切碎）；胡萝卜洗净，切碎备用。

3　锅中放适量水，大火烧开后，加入鸡胸肉丁，并用筷子快速翻动，至肉变色即关火，捞出鸡胸肉备用。

4　煮过鸡肉的汤留在锅中，加入冷饭，大火煮开后，转成小火炖至开花。

5　米饭炖好后转成中火，加入切碎的西蓝花和胡萝卜，再煮半分钟左右。

6　将煮好的鸡胸肉和蔬菜米饭拌匀，撒上剪碎的烤紫菜，加入适量橄榄油拌匀即可。

三文鱼拌饭

食材

蛋白质来源：三文鱼边角料
碳水化合物来源：米饭
维生素、矿物质来源：西红柿、胡萝卜
不饱和脂肪酸来源：三文鱼油

制作方法

1 锅中放适量清水，大火煮沸后转中火，放入三文鱼边角料煮熟，挑去鱼刺，盛出备用。

2 西红柿、胡萝卜洗净，切碎备用。

3 锅中留适量鱼汤，加入米饭及切碎的西红柿、胡萝卜，小火将米饭炖烂。

4 加入煮好的三文鱼、适量的三文鱼油，和米饭蔬菜拌匀。

蓝老师有话说

三文鱼边角料价格很便宜，又富含ω-3系列不饱和脂肪酸，大多数狗狗都很爱吃，所以很适合用来做狗饭。但是，现在很少有野生的三文鱼，一般市场上见到的都是养殖的，饲料中含有很多添加剂，所以不宜长期给狗狗食用。

蓝老师有话说

1）牛肉事先在冰箱冷冻室冻上2小时左右，会比较容易切。

2）也可以用市售酸奶代替自制酸奶，但是，大部分市售酸奶含有食品添加剂和糖，所以不宜经常给狗狗食用。

牛肉拌红薯

食材

蛋白质来源：瘦牛肉

碳水化合物来源：红薯

维生素、矿物质来源：圆白菜、彩椒

不饱和脂肪酸来源：芝麻油

浇头：自制酸奶、大蒜

制作方法

1　取1瓣大蒜，剥皮切成蒜末，在空气中氧化10分钟左右。

2　红薯洗净，切成小丁备用。

3　牛肉切小丁，锅中放适量水，煮沸后转小火，加入牛肉丁，并用筷子快速翻动，至肉变色即关火，捞出备用。

4　将红薯丁放入牛肉汤中煮烂。

5　圆白菜洗净、去梗，取叶子部分切碎；彩椒去蒂、去子，切碎备用。

6　将煮好的牛肉，加入红薯丁、蔬菜碎以及蒜末、芝麻油，连牛肉汤一起拌匀。

7　浇上少量自制酸奶（制作方法见第177页"自制酸奶"）即可。

青鲇鱼蔬菜煎饼

食材

蛋白质来源：净青鲇鱼（去头、内脏以及鱼鳍）500克、鸡蛋1个
碳水化合物来源：全麦面粉80克
维生素、矿物质来源：菠菜100克、胡萝卜50克
不饱和脂肪酸来源：花生油适量

制作方法

1 胡萝卜洗净，切碎；菠菜放沸水中焯一下后捞出，切碎。

2 青鲇鱼连骨斩成肉糜（确保将鱼刺斩碎）。

3 将1、2中所有食材和面粉混合，打入鸡蛋，搅拌均匀成面糊。

4 电饼铛加热后放入少许花生油（没有电饼铛可以用平底锅代替）。

5 取一小团面糊，放入电饼铛，压扁，成为一个小圆饼，盖上上盖，煎3分钟左右，至底面略有焦黄即可。

6 凉至室温后，剪成小块即可。

蓝老师有话说

1）菠菜中的草酸含量比较高，容易和体内的钙结合形成草酸钙，既影响钙的吸收，又容易形成结石，所以，最好把菠菜焯水后再食用。焯过菠菜的水因为溶解了菠菜中的大量草酸，应弃之不用。

2）将青鲇鱼连所有的鱼骨、鱼刺一起斩碎，可以让狗狗安全地食用鱼骨，确保钙磷平衡。

3）青鲇鱼是最便宜的野生海鱼，价格比鸡胸肉还便宜，不但富含 ω-3 系列不饱和脂肪酸，而且肉质很厚，含有丰富的蛋白质，非常适合常给狗狗吃。

牛肉丸子

食材

蛋白质来源：牛肉糜300克、鸡蛋2个
碳水化合物来源：老南瓜100克、低筋面粉80克
维生素、矿物质来源：胡萝卜50克、西蓝花80克
不饱和脂肪酸来源：葵花子油适量
其他：发酵粉适量

制作
方法

1 将南瓜、胡萝卜洗净，老南瓜连皮和胡萝卜一起蒸熟。

2 西蓝花洗净，取花的部分和蒸好的老南瓜、胡萝卜一起，用碎菜机打碎。

3 面粉中加入发酵粉、鸡蛋、葵花子油、牛肉糜以及菜泥，搅拌均匀，
  制成较稠的面糊，盖上保鲜膜，常温下发酵1~2小时，至体积膨大。

4 将发酵好的面糊做成丸子，上锅用大火蒸15分钟左右即可。

蓝老师有话说

猪肉，即便是瘦肉，脂肪含量也较高，因此不宜长期给狗狗食用，偶尔吃一吃无妨。老豆腐的加入一方面是为了避免摄入过多脂肪，另一方面也可以增加钙质。但应以猪肉为主，豆腐为辅。

猪肉芹菜饺子

食材

蛋白质来源：纯精猪肉糜500克、卤水豆腐（老豆腐）200克、鸡蛋1个
碳水化合物来源：面粉200克
维生素、矿物质来源：芹菜100克、胡萝卜100克
不饱和脂肪酸来源：芝麻油适量

制作方法

1 面粉加入适量清水，揉成光滑的面团，揪成约10克一个的剂子，擀成饺子皮。

2 胡萝卜洗净，用刨刀刨成细丝后再切成细末；芹菜洗净，切成细末。

3 老豆腐用水冲洗后沥干水分。

4 将胡萝卜末、芹菜末、鸡蛋、老豆腐和猪肉糜，加入芝麻油拌匀，制成饺子馅。

5 每张饺子皮放入约30克的馅心，包成饺子，煮熟后切开即可。

香蕉面包配青鲇鱼酱

食材

蛋白质来源：净青鲇鱼300克、鸡肝1副、鸡蛋1个、自制酸奶适量（50克左右）

碳水化合物来源：自发粉250克

维生素、矿物质来源：香蕉半根、枸杞子适量

不饱和脂肪酸来源：初榨橄榄油适量

制作方法

1 制作面包：

（1） 香蕉去皮压成泥；枸杞子用温水浸泡5分钟左右。

（2） 香蕉泥、枸杞子、鸡蛋、橄榄油和自发粉拌匀，最后加入适量酸奶代替水，揉成光滑的面团，盖上保鲜膜，室温下发酵40分钟左右，至面团体积膨大到2倍左右。

（3） 发酵好的面团再揉光滑，分割成2份，盖上保鲜膜，二次发酵15分钟左右。

（4） 烤箱180℃上下火，预热10分钟，将醒好的面团放入烤箱烤制约20分钟。

（5） 烤好的面包冷却后切成2~3厘米见方的小块。

2　制作青鲇鱼酱：

（1）　青鲇鱼连骨剪成小块（剪断鱼刺），和鸡肝一起煮熟。

（2）　用搅拌机将青鲇鱼（连骨）和鸡肝打成酱。

（3）　开小火，将打好的酱放入锅中不停搅拌，将青鲇鱼酱中过
　　　多的水分收干。

将青鲇鱼酱拌匀、放在切块的面包上，即可给狗狗食用。

1）青鲇鱼酱可以一次性多做一点，装在保鲜盒中放冰箱保存。需要的时候加点富含碳水化合物的食物和蔬菜，就是一道方便快捷的主食。

2）如果用面包机来制作面包，则更加方便。建议不要把酸奶一次性放完，而是先倒入30克左右，等面包机第一次搅拌后，如果面团太干，再加入适量酸奶。

3）枸杞子含有丰富的胡萝卜素，有养肝明目、提高免疫力的功效。可以常常在狗狗的各种食物中添加些枸杞子，用来代替不容易消化的胡萝卜。

4）从"牛肉拌红薯"至本页的食谱均可一次性多做一点，放入冰箱冷冻，需要时提前解冻、加热一下即可喂食，可以作为狗狗的方便快餐。

蓝老师
有话说

鸡肝和三文鱼的味道会让狗狗欲罢不能。这个自制罐头可以拌在任何食物中激发狗狗的食欲。特别适合在夏季给狗狗食用。食用时加入切碎的蔬菜水果，例如生菜、黄瓜、苹果等，拌匀即可。

鸡肝海鲜冻

食材

蛋白质来源：鸡肝1副、三文鱼边角料（鱼肉和鱼皮）300克

制作
方法

1　锅中加入适量清水，先将三文鱼皮放入锅中大火煮开，改小火炖烂，再加入鱼肉、鸡肝（切成小块）一起煮熟。

2　用搅拌器将所有混合物打碎。

3　搅拌好的混合物冷却后倒入保鲜盒中，放入冰箱冷藏，等混合物凝结成肉冻后即可给狗狗食用。

3 特殊生长阶段食谱

狗狗的一生大致可以划分成以下几个阶段：

生理阶段	犬龄	备注
哺乳期	出生～断奶（一般为6周龄）	
其中：断奶期	4~6周龄	大多数狗狗会在20日龄左右萌出第一颗乳牙
幼犬期	断奶后～10月龄	
其中：离乳期	断奶后~5月龄	2月龄左右乳齿长齐，2~10月龄换牙
仔幼犬期	6~10月龄	
成犬期	10月龄~8岁	
其中：成犬前期	10月龄~2岁	
成犬中后期	2~7岁	大型犬和巨型犬2岁~5岁
老年犬期	7岁以上	大型犬和巨型犬5岁以上

其中，断奶期、幼犬期、老年犬期以及成年母犬的孕期和哺乳期，都属于比较特殊的生长阶段，对一日三餐有着不同的需求，主人要特别留心。

3.1 断奶期（4~6周龄）

断奶期特点

这个时期是为正式断奶做准备，因此，除了让狗妈妈继续给狗宝宝喂奶之外，可以开始给狗宝宝添加辅食，一是为了弥补狗妈妈奶水逐渐变少带来的营养不足，二是为了让狗宝宝能适应断奶后的新食物。

这时狗宝宝的消化功能还不健全，无法消化富含碳水化合物的食物和蔬菜，最容易消化的是富含动物性蛋白质和动物脂肪的食物。因此，最佳的断奶期辅食就是生肉糜。注意不要在这个阶段给狗宝宝喂米饭等谷物。不过，为了让狗宝宝以后能接受颗粒狗粮，在最后一周最好少量地喂一点离乳期狗粮。

喂食次数	在断奶期，应逐步增加辅食的顿数，以减少喂奶的次数。同时，狗妈妈的饮食也应该从高蛋白的月子饮食逐步改成普通的饮食，以减少狗妈妈的产奶量。
喂食量	喂食量要宁少勿多，由少到多，让狗宝宝的肠胃能慢慢适应。一天的总喂食量可以从宝宝体重的1%开始逐渐增加，不要超过2%。

断奶期
食谱

生鸡胸肉糜

食材

蛋白质来源：鸡胸肉

不饱和脂肪酸来源：三文鱼油（每天的总量不要超过1毫升，即酸奶勺半勺）

制作方法

1 冷冻鸡胸肉提前5~6小时放在冰箱冷藏室，在鸡胸肉仍然保持冷冻状态，但已经可以比较容易切割时切片，分成小份，每一份为狗狗一顿的量，放入冰箱冷冻备用。

2 喂食前，取一份鸡胸肉片，浸泡在冷水中，同时用流动水冲洗，急速解冻。

3 解冻的鸡胸肉片剁成肉糜。

4 找一个大一点的容器装上热水，将盛有肉糜的碗放在容器里，用水浴的方式使肉糜温度达到38℃左右，最后加入几滴三文鱼油拌匀即可。

蓝老师有话说

1）这个阶段的狗宝宝消化功能还不健全，所以一定要把肉剁细。

2）如果狗宝宝的大便有点软烂，说明消化不好，可以尝试在餐后给狗宝宝喂一片多酶片。多酶片中含有多种消化酶，可以帮助狗宝宝更好地消化。

熟青鲇鱼糜拌狗粮

食材

蛋白质来源：净青鲇鱼、离乳期狗粮
不饱和脂肪酸来源：初榨橄榄油

制作方法

1 净青鲇鱼连骨剁成鱼糜。

2 炒锅烧热，转成小火，加入适量橄榄油，将鱼糜放入锅中翻炒至熟。

3 离乳期狗粮提前用温水泡至完全变软。

4 将炒好的鱼糜和泡开的狗粮拌匀即可。

蓝老师有话说

1）前面说过，狗粮中含有大量狗狗不容易消化的碳水化合物，对于断奶期的狗宝宝来说，更不容易消化，所以，最好在断奶的最后一周才开始添加狗粮。

2）添加狗粮的目的只是为了让狗宝宝适应狗粮的味道，不至于长大后拒吃狗粮。所以要以鱼肉糜为主，狗粮为辅，泡开后的狗粮一般不要超过食物总量的1/4。

3）生肉和熟肉不能同食。狗粮是熟食，因此不要和生肉糜一起喂食。

4）青鲇鱼中富含狗宝宝发育所需要的DHA，所以很适合给狗宝宝食用。

5）青鲇鱼冻得比较硬的时候更容易剁成鱼泥。

3.2 幼犬期（断奶后~10月龄）

幼犬期的狗宝宝处于生长发育旺盛时期，对蛋白质、热量和钙的需求都比成犬高，但是胃口小，因此除了要遵循少量多次（一天3~4顿）的喂食原则之外，还应以优质动物性蛋白质、脂肪等高营养、高热量的食物为主，减少碳水化合物、维生素、矿物质的摄入比例。

离乳期（断奶后~5月龄）特点

在这个阶段，狗宝宝已经完全断奶，所有营养需求都要靠固体食物来满足，同时身体又处于快速生长发育阶段，每千克体重所需要的营养超过成犬。

在给宝宝足够营养的同时，我们还要注意不要过量喂食，否则狗狗容易患上肥胖症以及骨骼发育异常。

最好定期给狗宝宝称体重，确保发育正常（参见第121页"你家狗狗身材标准吗"）。

如果体重增加过慢，说明喂食数量过少。相反，如果体重增长过快，说明需要减少喂食量。

这个阶段，也是狗宝宝养成饮食习惯的阶段，这时给狗宝宝尝试的食物品种越多，长大后就越不挑食。此时，狗狗的消化功能也逐步健全，开始有了消化淀粉的能力。

在这个阶段，建议用专用的幼犬狗粮+自制狗饭的形式给狗宝宝喂食。主要原因有以下三点：

第一，离乳期狗狗需要的营养成分比成犬期要复杂，例如钙的需求，既要比较高以满足骨骼发育的需要，又不能过高，否则骨骼容易发育异常；又比如由于大脑和神经系统发育对DHA有较多需求；此外，对于蛋白质、脂肪的需求也要高于成犬。不具备营养师资质的主人，很难做到完全通过自制狗饭保证狗宝宝的特殊营

养需求。优质的幼犬专用狗粮在营养全面方面就做得比较好。

第二，前面讲过，颗粒狗粮是一种人造的食物，狗狗通常不太愿意接受。如果从小不吃狗粮的话，长大后，狗狗就更加难以接受了。这对于工作忙碌的主人来说是件很麻烦的事。如果在离乳期就开始给狗宝宝吃狗粮，那么以后它就比较容易接受。主人可以在需要的时候，给狗狗喂这种方便食品。

第三，在离乳期，狗狗消化能力有限，需要少量多餐，每天要吃3~4次。如果部分喂食狗粮的话，可以减轻主人的负担。

要注意的是，如果狗宝宝已经在前主人家里吃过固体食物，那么，在狗宝宝刚到家的头三天内，最好保持原来的食物不变。然后慢慢添加新的食物，用1周左右的时间逐渐过渡到新的食物。

为了培养良好的饮食习惯，在这个阶段，不要在狗粮中添加肉类等自制食物，否则容易造成狗狗挑食，只吃肉不吃狗粮。可以采取2顿狗粮，1~2顿自制狗饭穿插喂养的方法。

注意要给幼犬喂幼犬狗粮，或者全犬期狗粮，因为这两类狗粮中含有的蛋白质、脂肪等营养成分都要高于普通的成犬狗粮，符合幼犬生长发育的需要。不要给幼犬喂普通的成犬狗粮。

离乳初期（断奶后~2月龄）

离乳初期特点

狗宝宝在出生20日龄左右会萌出第一颗乳牙，到2月龄左右，乳牙基本长齐。我把这个阶段称为离乳初期，因为这时候狗狗还没有换牙，所以饮食结构上和换牙阶段有所区别。这个阶段的自制狗饭，要特别注意食物中的钙磷比例，以及ω-3系列和ω-6系列不饱和脂肪酸的正确比例。可以通过在肉糜中添加蛋壳粉，或者把鱼连骨剁成肉骨糜的方式来补充钙质。不建议给狗狗吃钙片，那样很容易造成钙过量和钙磷比例失调。

离乳后期（2月龄~5月龄）

离乳后期特点

这个阶段的狗狗开始换牙，所以需要一些可供磨牙的食物。同时，狗狗的消化功能已经基本完善，因此，肉类也不用像前一阶段那样需要剁成泥。还可以开始添加富含碳水化合物的食物和蔬菜，但是仍应以肉类为主。

建议营养素比例：

蛋白质∶碳水化合物∶维生素及矿物质=8∶1∶1

仔幼犬期（6月龄~10月龄）

仔幼犬期特点

仔幼犬期的狗狗，胃口和消化能力进一步增强，可以将喂食次数逐渐减少到2~3次。

这个阶段的狗狗，精力旺盛，活泼好动，同时因为换牙的缘故，特别喜欢啃咬硬物。所以，建议每天提供一顿生骨肉。如果能保证生骨肉供应的话，就不需要在食物中添加蛋壳粉了。

可以开始将颗粒狗粮的量减少，增加自制狗饭的量了。

加钙生鸡胸肉糜

食材

蛋白质来源：鸡胸肉
不饱和脂肪酸来源：亚麻籽油（ω-3）
钙源：蛋壳粉

**制作
方法**

1 冷冻鸡胸肉提前分割成小份，每一份为狗狗一顿的量。

2 取一份鸡胸肉，用流动水急速解冻。

3 解冻后的鸡胸肉剁成肉糜。

4 用热水浴的方式加热肉糜，最后加入适量蛋壳粉（做法见182页"蛋壳
粉"）、几滴亚麻籽油，拌匀即可。

蓝老师
有话说

蛋壳粉的添加比例大约为：每100克鸡胸肉添加0.6克蛋壳粉。

香炒青鲇鱼

食材

蛋白质来源：青鲇鱼
不饱和脂肪酸来源：初榨橄榄油
钙源：青鲇鱼骨

制作
方法

1 青鲇鱼连鱼骨一起剁成鱼泥。注意一定要将鱼骨全部剁碎。

2 炒锅烧热，转成小火，加上少许橄榄油，将鱼泥入锅煸炒至变色。

3 炒好的鱼泥冷却到38℃左右，即可喂食。

蓝老师
有话说

1）因为是连鱼骨一起料理，所以无须额外补充钙源。

2）可以一次做上2~3天的量，冷却后放在保鲜容器中、入冰箱冷
藏保存。需要时加热后给狗宝宝食用。

离乳后期
食谱

鸭肉果蔬

食材

蛋白质来源：鸭胸肉
碳水化合物来源：苹果
维生素、矿物质来源：紫甘蓝、樱桃萝卜
不饱和脂肪酸来源：亚麻籽油
钙源：蛋壳粉

制作方法

1 冷冻鸭胸肉用流动水急速解冻。

2 解冻后的鸭胸肉切成指甲盖大小的肉丁。

3 苹果、紫甘蓝和樱桃萝卜洗净后用碎菜机磨细。

4 肉丁用热水浴加温到38℃左右，加入蔬果碎、适量蛋壳粉以及亚麻籽油拌匀即可。

蓝老师有话说

1）从这个阶段开始可以参照前面的普通食谱给狗宝宝做饭了，但是要注意调整食材的比例，使蛋白质来源占到80%左右。

2）因为还不能让狗狗完全通过吃骨头来补充钙质，在用肉类做饭时要注意添加适量蛋壳粉。

3）可以一次性用碎菜机多磨一些蔬果，然后填入冰格中冷冻。将冷冻好的蔬果冻从冰格中取出，装在保鲜容器中放冰箱冷冻保存，需要时提前取出几块解冻。

3.3 孕犬以及哺乳期母犬

在孕期和哺乳期，母犬需要较高热量，对蛋白质、钙等营养物质的需求都要比平时多。

孕期特点

母犬怀孕60天左右会生产。

怀孕后~第4周：在怀孕的前半阶段，胎儿的发育速度不快，不需要特别的饮食。如果自制狗饭，可参照前一部分的食谱，同时每天提供一顿生骨肉就可以了。

第5周起：胎儿发育加速，母犬需要更多的营养，这时候应将自制狗饭的营养素比例调整成幼犬期的比例，即蛋白质：碳水化合物：维生素与矿物质=8：1：1。这个期间，应暂时取消生骨肉，和幼犬期一样，采取在食物中添加蛋壳粉的方式来补钙（100克肉：0.6克蛋壳粉）。如果吃颗粒狗粮的话，应该从这时候起逐渐用幼犬粮来替换原来的成犬粮。

第6周起：逐渐增加喂食量，每周增加10%左右。

第7~8周：在怀孕的最后两周，胎儿的体积越来越大，母犬的胃容量受到严重限制。因此，在这个阶段，需要少食多餐，可以从每天2顿改为3~4顿。

哺乳期特点

在哺乳期，幼犬出生3周后，母犬的营养需求达到最高峰。这时，母犬的热量需求会达到平时的3~4倍，对其他营养的需求也都会达到类似的高水平。

因此，整个哺乳期同样应采用幼犬食谱。在幼犬出生满3周左右时，由于幼犬的需奶量大大增加，母犬消耗增大，应由母犬自己来决定进食量。可以先以平时喂食量

的3倍为基础，如果狗狗还想吃，就再补充喂食，直到狗妈妈停止进食或者进食速度明显减慢为止。

哺乳期母犬还需要补充大量水分，因此，要让母犬随时能喝到干净的饮用水。很多人认为怀孕母犬需要喝牛奶，才能保证奶水充足。其实，充足的蛋白质和水分才是奶水充足的前提。给狗妈妈喝大量牛奶，有可能因为其乳糖不耐受而腹泻。

狗妈妈的奶水会提供大量钙质供狗宝宝骨骼的发育，因此，这期间，也需要注意给狗妈妈补钙，以免狗妈妈因缺钙而导致产后痉挛。最好是在自制狗饭中添加蛋壳粉。

3.1 老年犬

小型犬和中型犬从7~8岁起开始进入老年期，而大型犬和巨型犬则从5岁开始就已经进入老年期了。

老年前期特点

一般来说，如果长期吃比较健康的食物，并注意运动，体重也维持得比较标准的话，小型犬和中型犬到10~12岁，大型犬和巨型犬到8~10岁，应该仍然保持和成犬期类似的状态。对于这种状态的老年犬，饮食可以和成犬期相同，但是要注意多提供些含有抗氧化作用的食物，例如蓝莓、山楂、大蒜、西红柿、菜花、菠菜、海藻等。

老年后期特点

到了老年后期，即中小型犬10岁以上，大型犬和巨

13岁的老年拉布拉多犬
"乐乐"

型犬8岁以上，要特别注意提供容易消化的食物。例如成犬的米饭只要炖到软烂就可以了，而老年犬则最好用粥代替米饭。像胡萝卜这样不容易消化的蔬菜，就要少吃。骨头的喂食量也应逐步减少。

随着年龄的增加，肾脏的功能也会逐渐变差，所以，要特别注意提供优质蛋白质，以免增加肾脏负担。在蛋白质来源上，可以多选择鱼肉、牛肉、鸡蛋等。

由于这个年龄段的"狗爷爷、狗奶奶"的消化功能逐渐减退，所以，也要实行少量多餐，从一天2顿增加到3~4顿。

跟人类一样，上了年纪的狗狗食欲也会下降。如果在狗狗的前半生，你因为工作忙，经常给它吃颗粒狗粮，那么，从现在开始，尽量用可口、健康的自制狗饭来代替狗粮吧！

衰老的症状是逐步显现的，所以，狗狗进入老年期之后，主人要特别注意细心观察。如果饮水、饮食习惯等出现异常，要及时去医院检查。一旦发现狗狗患了糖尿病、肾病等疾病，就要相应调整饮食。

4 减肥食谱

4.1 减肥的重要性

肥胖是宠物犬最常见的健康问题。

和人类一样，肥胖也会给狗狗的健康带来许多不利的影响，增加患糖尿病、心血管疾病、关节疾病等的风险。桑迪耶·阿伽（Sandie Agar）在《小动物营养学》（*Small Animal Nutrition*）一书中写道："宠物医院的护士有责任向客户宣传这样的理念：过度喂食=超重=降低生活质量。如果一位宠物医院的护士别的什么都不做，只是教育客户要让宠物保持苗条，那么她就已经帮助众多的宠物过上了更健康的生活。"可见肥胖对狗狗的害处以及减肥的重要性。

4.2 减肥的原则

对于已经体重超标的狗狗，主人不要急于在短时间内让它完成减肥。短时间内减去太多的体重不利于健康。应该制定一个减肥计划，在3个月的时间内逐步减去15%的体重。

　　对于经常吃零食的狗狗，以及主人喜欢在自己吃东西的时候随手喂一点给狗狗的，可以先调整零食种类，用低热量的零食，例如烘干豆腐条、三文鱼骨、烤虾壳（见第172页"烤虾壳"）以及蓝莓、草莓等代替购买的高热量零食；同时通过将零食分成小份，减量不减次数的方法，在不减少狗狗享受零食乐趣的基础上适当减少零食的喂食量；主人还要避免和狗狗分享食物，通过以上措施，来达到减肥目的。

　　此外，肥胖的狗狗多数比较馋嘴，所以，在减肥时不能简单粗暴地减少喂食量，那样会让狗狗一直感觉肚子饿。正确的做法是，不减少喂食的总体积，但是换成低热量的食物。

　　脂肪的热量最高，而且很容易被身体吸收和利用，因此，首先要降低食物中的脂肪含量。碳水化合物除了供能之外，多余部分会转化成脂肪储存在体内，所以，也要适当减少碳水化合物的量。还可以在食物中适当增加膳食纤维，它可以增加饱腹感，并使食物中的热量减少。另外，增加食物中的水分，也能增加饱腹感。

减肥食谱

木瓜魔芋鸭肉

食材

蛋白质来源：鸭胸肉
碳水化合物来源：木瓜
维生素、矿物质来源：樱桃萝卜、彩椒
不饱和脂肪酸来源：葵花子油
膳食纤维来源：魔芋豆腐

制作方法

1 鸭胸肉和魔芋豆腐都切成指甲盖大小的丁。

2 锅中放适量水，大火烧开，倒入魔芋豆腐焯一下，然后转小火，倒入鸭肉丁搅拌，待鸭肉表面变色即关火。

3 木瓜削皮，和樱桃萝卜、彩椒一起用碎菜机搅碎。注意不要搅得太细。

4 煮好的鸭肉魔芋豆腐连汤一起和蔬菜水果碎拌匀，加入适量葵花子油即可。

蓝老师有话说

1）鸭肉中的脂肪含量较低，很适合需要减肥的狗狗。减肥食谱中的蛋白质来源最好选择鸭胸肉、兔肉、瘦牛肉、淡水鱼肉、豆腐等脂肪含量较低的食物。

2）木瓜所含的热量很低，又含有木瓜蛋白酶，有利于消化，是非常好的减肥食品。

3）魔芋也是一种低热量的食物，而且富含膳食纤维，能够给狗狗饱腹感。

4）彩椒这一类的蔬菜，含水分多，比较占体积，比绿叶菜更能给狗狗带去饱腹感。因此，减肥食谱中的蔬菜最好选用瓜果菜。

5）减肥食谱还应当适当调整各类营养素的比例，例如可以试着将蛋白质：碳水化合物：维生素与矿物质的比例调整为=7：1：2，或者6：1：3，以减少碳水化合物的摄入量。

5 零食食谱

好吃的零食在狗狗的日常训练和控制中可起到非常重要的作用。虽然宠物店里有各种各样的宠物零食出售，但我还是喜欢自己制作，没有任何添加剂，而且可以使用安全健康的原料，这样比较放心。

风干机 食谱

风干的时间根据原料的厚薄有所不同，下面的食谱中只是给出一个参考的时间，你可以根据原料实际烘干的程度进行调整。无论干燥程度如何，狗狗都会爱吃，只是烘得越干，越容易保存。

风干好的零食密封后放在阴凉处常温下，一般可保存1周左右，冰箱冷藏可以保存2~3周，冷冻则可以保存2~3个月。

🦴 鸡肉干

食材

冷冻鸡胸肉

制作方法

1　将冷冻鸡胸肉放入冰箱冷藏室中，放置5小时左右，然后趁肉块硬的时候切薄片。

2　将切好的肉片放入托盘内，50℃，烘大约8小时。

蓝老师有话说

还可以用鸭胸肉、瘦牛肉制作鸭肉干、牛肉干等。

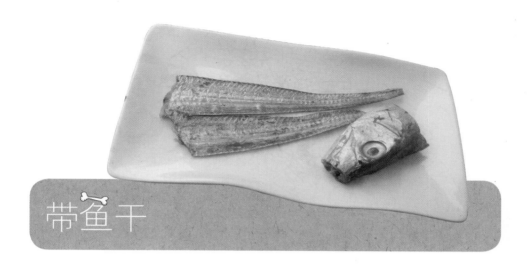

带鱼干

食材

带鱼头、尾

制作
方法

1 带鱼尾巴修去鱼鳍；鱼头去鳃，剪去鱼嘴。

2 处理好的鱼头、鱼尾放入托盘内，50℃，烘10小时左右。

蓝老师
有话说

1）海鲜批发市场有时候能买到冷冻的带鱼头尾，价格非常便宜。

2）带鱼尾巴的刺非常小，又是包裹在肉中，风干后让狗狗连肉带刺嚼碎，既安全又补钙。带鱼中段刺比较大反而不好。鱼头也是比较安全的钙源。但是要注意，如果狗狗不咀嚼就一口吞下的话，就不能多吃，以免发生肠梗阻。

3）也可以把青鲇鱼切成薄片烘干，制成青鲇鱼干。带鱼、三文鱼、青鲇鱼都含有丰富的ω-3系列不饱和脂肪酸，和鸡肉干等陆生动物的肉干类零食轮换着给狗狗吃，有助于保持ω-3系列和ω-6系列不饱和脂肪酸的平衡，而且可以美毛哦！

三文鱼皮卷

食材

三文鱼皮

制作
方法

1　三文鱼皮剔除残留的鱼肉，剪成适当大小的长方形（约8厘米×15厘米）。

2　处理好的三文鱼皮洗净，擦干水分，卷成卷，放入烤箱，180℃上下火，烤制10分钟左右。

3　将三文鱼皮卷取出凉凉，然后剪成2厘米左右长短的小卷。

4　将三文鱼皮小卷放入食品烘干机托盘内，50℃，烘5小时左右。

蓝老师
有话说

1）三文鱼皮价格便宜，营养丰富，富含胶原蛋白和ω-3系列不饱和脂肪酸，烘干后的鱼皮又脆又筋道，口感非常好，是狗狗大爱！

2）也可以不剪成小卷，长条的大卷烘干后直接让狗狗过瘾。但是长条比较难烘干，表皮干燥了，内部还有水分。要注意及时放冰箱保存。

3）三文鱼皮、鱼骨、鱼尾都可以在网上买到，一般是混在一起作为三文鱼边角料低价出售。也可以到大的水产批发市场去看看，会更便宜。

风干鸭锁骨

食材

冷冻鸭锁骨

制作
方法

1 整形：如果是给小型犬吃的，为了安全起见，最好先把鸭锁骨横向的一根硬骨剪掉，给中大型犬吃可以不必处理。然后，用厨房剪刀将鸭锁骨从中间位置剪成两半。接着在每一半的关节位置剪一刀，剪断关节和筋，把本来弯曲的鸭锁骨拉成直的一条。

2 去脂：剔除鸭锁骨上的脂肪。

3 烘干：处理好的鸭锁骨放入食品烘干机托盘内，50℃，烘10小时左右。

蓝老师
有话说

1）这样处理过的鸭锁骨非常安全，小型犬也可以放心食用。

2）凡是骨头类的零食都应遵循先少量试吃，再逐渐增多的原则。建议小型犬每次吃1~2根，中大型犬每次吃2~4根。

食材

冷冻鸭脖子

制作
方法

1 去脂去膜：剔除鸭脖子上的脂肪以及表面的一层薄膜。薄膜很难完全剔除，无法剔除的部位可以用刀划开。肉厚的部位也用刀划开，否则很难风干。

2 汆水：锅中放入清水（要能没过鸭脖子），大火烧开后，将处理好的鸭脖子投入水中汆上几秒钟，至表面变色，即捞起沥水。

3 烘干：沥好水的鸭脖子放入食品烘干机托盘内，40℃，烘12小时左右。

蓝老师
有话说

1）用同样方法还可以做风干鸡脖。

2）鸡脖比鸭脖细小，更适合小型犬。鸭脖更适合中大型犬。

3）除非确定狗狗会细嚼慢咽，否则不要把鸭脖分割成小块给狗狗，那样容易被狗狗一口吞下，有卡住喉咙和肠梗阻的风险。可以根据情况，给狗狗半根或者整根的鸭脖。建议小型犬每次吃半根，中大型犬每次吃1根。

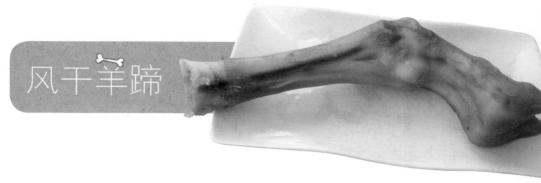

风干羊蹄

食材

羊蹄

制作
方法

1 修剪：羊蹄剪去趾甲，刮毛。

2 汆水：锅中放入清水（要能没过羊蹄），大火烧开后，将处理好的羊蹄投入水中汆上20秒钟左右，至表面变色，即捞起沥水。

3 烘干：沥好水的羊蹄放入风干机托盘，40℃，烘20小时左右。

蓝老师
有话说

1）一只风干好的羊蹄，小型犬可以啃上好几天，中型犬也可以啃半小时到1小时。羊蹄脂肪含量低，非常适合狗狗磨牙、洁牙和消磨时间，用来消除双排牙也非常有效。建议小型犬最多每周啃1只羊蹄，中大型犬可以每3天左右啃1只。

2）羊蹄基本上是安全的，但是要注意，腕关节部位的关节骨又硬又小，狗狗不容易嚼碎，如果狗狗吞咽下去可能会有危险，所以要经常检查狗狗啃咬的进度，快啃到关节部位时，用刀把关节骨剔除。

3）羊蹄比较厚，普通家用塑料烘干机层高不够，所以无法烘羊蹄，必须使用可以调节托盘间隙的不锈钢烘干机。

4）如果没有合适的烘干机，可以选择在干燥寒冷的冬季，将处理好的羊蹄用绳子串起，挂在阴凉通风处（例如朝北的阳台），自然风干三天左右。自然风干因为温度低，所以骨头完全是生的，比烘干机风干的更安全。

风干肉皮

食材

新鲜猪肉皮

制作
方法

1 去脂去毛，分割：用刀切除肉皮表面的脂肪，并刮毛，然后分割成10厘米×5厘米左右的片。

2 水煮：锅中放入适量清水，大火烧开后，将肉皮投入水中煮20分钟左右，至肉皮呈透明状且有些粘手。

3 去脂整形：煮好的肉皮捞出，用冷水冲一下，用刀刮净表面残余的脂肪，趁热将肉皮卷成卷。

4 烘干：处理好的肉皮卷放入风干机托盘，50℃，烘10小时左右，至表面干燥，但手感略微有些弹性时即可。也可以选择在干燥寒冷的冬季，将处理好的肉皮用绳子串起，挂在阴凉通风处，自然风干2天左右。

蓝老师
有话说

1）这款零食可以作为狗狗的天然咬胶。肉皮用手捏上去有些软的时候，比较筋道，狗狗咬起来更开心，可以用来满足狗狗的撕咬欲望。如果烘得太干，肉皮发脆，一咬就碎，就少了很多乐趣。

2）对于中大型犬，可以把肉皮的尺寸放大一些。

3）肉皮不是很容易消化，因此每次不要给狗狗吃太多。建议小型犬每次吃1根，中大型犬可以吃2根。

奶香豆腐条

食材

老豆腐、牛奶

制作方法

1 分割：老豆腐先切成厚度为1厘米左右的片状，然后切成手指粗细的条状。

2 浸泡：牛奶用小火煮沸几分钟，关火，将切好的老豆腐浸没在牛奶中，浸泡半小时左右。

3 烘干：浸泡好的豆腐条放入风干机托盘中，50℃，烘8小时左右。

蓝老师有话说

1）经过牛奶浸泡的豆腐条烘干后带着奶香，狗狗会更爱吃。如果嫌麻烦，也可以省略这一步，直接烘干，烘干后的豆腐条会有些油渗出，咬起来很有韧性，大多数狗狗都爱吃。

2）豆腐低脂高钙，和肉干搭配着吃，既可以避免狗狗摄入过多脂肪，又可以平衡肉干中的高磷成分。

烤箱
食谱

烤鸡胸肉

食材

鸡胸肉

制作
方法

1 鸡胸肉切成薄片。

2 放入烤箱，180℃上下火，烤20分钟左右；翻面，转成150℃，继续烤
  20~30分钟，至肉片两面焦黄即可。

蓝老师
有话说

这样烤出来的鸡肉干和用烘干机低温烘干的相比，香味更足，
而且松脆，狗狗非常喜欢！主人也可以偷吃哦。不过从营养
价值来看，因为是150~180℃高温烘焙，不如用烘干机低温
风干的有营养。

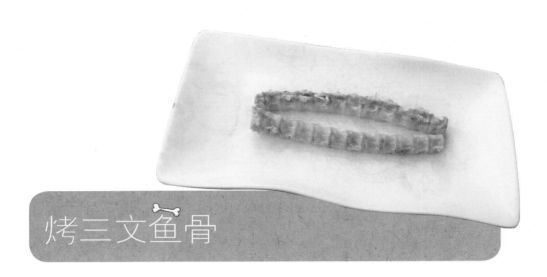

烤三文鱼骨

食材

三文鱼排

制作方法

1　将三文鱼排放沸水中煮一下，待鱼肉容易脱落时关火，捞出鱼排，剔除鱼肉（可用来做三文鱼拌饭），剪去脊椎骨两边的长刺，并洗净。

2　洗好的鱼骨放入烤箱，180℃上下火，烤制20分钟左右，然后转至150℃，再烤20~30分钟，至鱼骨金黄酥脆。

蓝老师有话说

1）三文鱼骨不仅可以补钙，而且富含ω-3系列不饱和脂肪酸。

2）烤脆的鱼骨100%安全，幼犬也可以放心食用。

3）烤好的鱼骨香酥松脆，狗狗非常喜欢！主人也可以一起吃哦！

烤虾壳

蓝老师
有话说

虾壳富含钙质，烤过的
虾壳松脆可口，是很好
的低热量补钙零食。

食材

新鲜虾壳

制作
方法

1 制作虾仁时剥除的虾壳，或者在吃白灼虾时吃剩的虾壳，用清水洗净。

2 生的虾壳入水煮至颜色变红。熟的虾壳可以省略此步骤。

3 处理好的虾壳放入烤箱中，180℃上下火，烤40分钟左右，至虾壳松脆
即可，注意中途翻面。

 奶香磨牙棒

食材

低筋面粉150克
自制酸奶50克
奶粉10克
鸡蛋1个

**制作
方法**

1 将奶粉和面粉混合，打入鸡蛋，再加入酸奶当水调和，揉成光滑的
面团。

2 将面团擀成0.5厘米左右厚度的面饼，再将面饼切条，然后搓成筷子粗
细的面棍，并分割成10厘米左右长短。

3 分割好的面棍入烤箱，150℃上下火，烤制20分钟左右，至面棍焦黄松
脆即可。

4 将冷却后的磨牙棒放入饼干罐密封，放阴凉处保存。

蓝老师
有话说

1）这个磨牙棒制作简单，奶香扑鼻，又很干脆，特别适合给刚开始
换牙的幼犬当磨牙零食。人类也可以吃哦！

2）主要成分是面粉，所以不是很容易消化，不要一次给狗狗吃
太多。

蓝老师有话说

1）刚烤好的小馒头香气四溢，狗狗们都等不及啦！

2）建议将颗粒尽量切小。因为在训练的时候，我们经常需要用零食奖励，但又不希望狗狗因此摄入过量的食物。所以做些小颗粒的零食，便于经常奖励。

夹心小馒头

食材

自发粉150克
自制酸奶50克
奶粉10克

鸡蛋1个
花生酱适量

制作方法

1 将奶粉和面粉混合，打入鸡蛋，再加入酸奶当水调和，揉成光滑的面团。

2 揉好的面团放在容器中，盖上保鲜膜，室温发酵40分钟左右，等面团发酵至原来的2倍大。

3 用刀将面团分割成大小适中的剂子。

4 将剂子擀成长方形的面饼。

5 在面饼上涂上适量的花生酱。

6 将涂好花生酱的面饼卷起，揉成手指粗细的长条。

7 将卷好的面条切成1~2厘米长短的小块，成为面坯。

8 切好的面坯入烤箱，150℃上下火，烤制30分钟左右，至面坯表面焦黄即可。

来福曲奇

食材

低筋面粉100克	鸡蛋1个
香蕉70克	黄油15克
花生酱50克	

制作
方法

1　香蕉去皮、捣成泥；黄油水浴化开。

2　香蕉泥、花生酱、鸡蛋以及化开的黄油加入面粉，搅拌均匀，制成稠糊状。

3　将面糊挤在铺了油纸的烤盘上，180℃上下火，烤制25分钟左右，至曲奇颜色有些焦黄即可。

蓝老师
有话说

1）这是当初专门为刚收养的流浪狗来福研制的。希望普天下的流浪狗都能获得幸福。

2）市场上可以买到进口的宠物用花生酱，不含糖盐，但是价格很高。其实只要用市售的人类食用的优质花生酱就可以了。虽然这种花生酱中会添加糖和盐，但是作为零食，让狗狗偶尔摄入少量的糖和盐是没有关系的。

红薯奶酪小丸子

食材

红薯350克
奶油奶酪80克
黄油5克

制作
方法

1 红薯洗净，隔水蒸熟，去皮捣成泥。

2 趁热加入黄油、奶油奶酪，搅拌均匀，搓成小丸子。

3 入烤箱，180℃，上下火，烘烤约20分钟，至表面略带焦黄即可。

 蓝老师
有话说

1）黄油含有大量饱和脂肪酸，不宜给狗狗多吃，但是，黄油营养
丰富，少量加入还能大大增加食物的香味，狗狗非常喜欢！

2）注意不要使用植物黄油，也就是人造黄油，这种黄油中含有有
害健康的反式脂肪酸。

自制酸奶

食材

鲜牛奶适量
酸奶适量

制作
方法

1 将鲜牛奶和酸奶按10∶1的比例混合。

2 混合好的牛奶装在合适的容器中，放入烤箱。

3 烤箱调至"发酵"挡，发酵5小时左右，至牛奶凝固成豆腐状的固体
即可。

蓝老师
有话说

1）自制的酸奶不含糖及其他添加剂，狗狗吃了更健康。主人自
己也可以吃哦！比买来的盒装酸奶健康多了！

2）加入酸奶是为了利用酸奶中的活性菌发酵。也可以在网上买
制作酸奶用的菌种来制作。

其他

生日蛋糕

食材

牛肉糜100克　　　　　橄榄油20克
蛋糕粉60克　　　　　　自制酸奶30克（见177页）
老南瓜60克　　　　　　草莓1个
鸡蛋2个（每个约重60克）　蓝莓2颗

**制作
方法**

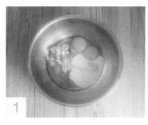

1 老南瓜洗净，连皮蒸熟（这样可以保留皮中的营养），去皮捣成泥。

2 将鸡蛋的蛋黄和蛋清分离。

3 将鸡蛋黄、南瓜泥、酸奶以及橄榄油搅拌均匀，成为底料（图1）。

4 将蛋糕粉分次轻轻拌入底料，成为面糊。注意不要用力搅拌，以免面粉起筋。

5 蛋清打发（图2）。

6 将打发的蛋清分次轻轻拌入面糊（图3）。

7 取圆形饭碗一个，抹橄榄油，先放入一半左右的面糊，在面糊上均匀地铺上牛肉糜作为馅心（图4），接着覆盖上多余的面糊，抹平（图5），大火隔水蒸20分钟左右。

8 蒸好的蛋糕冷却后，取一个盘子，盖在饭碗上，然后将饭碗倒扣，使蛋糕脱落在盘子上。在表面放上草莓和蓝莓，并淋上酸奶作为装饰即可。

不要一次给狗狗吃太多，以免引起肠胃功能紊乱。建议小型犬每次吃一个冰格的量就可以了，中大型犬可以吃2~4格。

酸奶香蕉棒冰

食材

酸奶300毫升
香蕉1根
草莓适量

制作方法

1 香蕉去皮，草莓洗净，切成小块。

2 酸奶和香蕉用搅拌机搅拌均匀。

3 将草莓块放入冰格底部，然后倒入香蕉酸奶，放入冰箱冷冻5小时左右即可。

6 天然钙粉

前面提到过，在给狗狗做以肉食为主的自制狗饭时，要注意补钙。最简单安全的方法就是经常给狗狗吃些生骨肉，从骨头中补钙。但是，有些狗狗可能不适合通过自己啃骨头来补钙，例如两个月以内的幼犬、牙齿已经出现问题的老年犬等。这时，我们可以用鸡蛋壳自制一些天然钙粉，拌在狗饭中。

蛋壳粉

食材

新鲜鸡蛋壳

制作
方法

1 将新鲜的鸡蛋壳用清水洗净，去除蛋壳内的白膜。

2 将处理好的鸡蛋壳用微波炉中高火烘烤3分钟左右，至蛋壳完全干燥。

3 烘干后的鸡蛋壳用搅拌机打成粉，放阴凉处密封保存。

蓝老师
有话说

1）洗净的蛋壳掰碎放在平底的盘子里，注意尽量不要让蛋壳相互叠在一起，这样容易烘干。

2）每隔1分钟左右拿出来散发一下水蒸气。

3）蛋壳粉的用量大约为每100克肉添加0.6克的蛋壳粉。

1 喝什么水

总的来说，喝什么水对人体的健康更有益，那么最好也给狗狗喝这种水。

犬类对细菌的抵抗力要比人类强很多，如果水中有少量细菌的话，对狗狗来说不是什么大不了的事。

然而，由于狗狗的体重要比人类轻很多，因此饮用水中的其他有害物质，例如重金属、有害化学物质等对人类来讲超标的话，对狗狗的危害会更大。

水中有适量矿物质是有益健康的，但要是过量的话，就有可能因为矿物质摄入过多而造成肾脏负担，以及出现泌尿系统结石等问题。同样的，如果水中的矿物质含量对人类来说是正常的，对狗狗来说就有可能是过量了！

下面就具体分析一下几种常见的水和饮料。

留下在喝水

1.1 自来水

自来水里最主要的有害成分有这几种：重金属、余氯、细菌等。

要减轻自来水对身体的危害，最好先把水龙头打开，让水管里的存水流一流再使用（流出的水可以用来洗衣服什么的），这样可以大大减少水中的重金属含量，特别是一夜未用之后。然后再把可以饮用的自来水烧开，让大部分的氯气挥发，同时杀灭细菌。烧开后凉凉的白开水就可以供主人和狗狗饮用啦！

要注意的是，白开水放置久了，其中的有害微生物会增加。因此，如果你家狗狗喝水量比较少的话，不要让没有喝完的水一直剩在碗里，最好每天更换，并注意清洗水碗。

如果家里有优质的净水器，可以将自来水过滤后直接饮用，给狗狗喝这种未经烧煮的水是最好的。因为水烧开后，其中的氧气也会逸出，而未经烧煮的过滤水中的溶解氧含量要高得多，更加有益健康。

1.2 瓶装水 / 桶装水

目前市场上最常见的瓶装水和桶装水有天然矿泉水、纯净水和包装饮用水等。

天然矿泉水

矿泉水是从地下深处自然涌出的或者经人工开采的、未受污染的地下矿水；含有一定量的矿物盐、微量元素或二氧化碳气体；在通常情况下，其化学成分、流量、水温等动态在天然波动范围内相对稳定。矿泉水是在地层深部循环形成的，含有国家标准规定的矿物质及限定指标。

但即使是人类，也不建议长期饮用矿泉水，以免造成矿物质摄入过多。

纯净水是指经过净化处理，除去各种杂质的水。简而言之，纯净水中除了水分子，没有任何其他成分。这种水没有什么有害物质，但是好处也不大，如果长期只喝纯净水容易引起体内矿物质缺乏，需要注意从食物中进行补充。

纯净水

包装饮用水

包装饮用水则是经过杀菌处理的自然水源。水源可以是自来水以及地表水。因而通常还会人工添加一些矿物质来改善口感。因为是人工添加的，所以添加了什么物质，添加的量多量少，都直接影响着身体的健康。长期饮用容易造成矿物质过量。

因此，不建议长期给狗狗喝瓶装水/桶装水。偶尔喝一点是可以的。

1.3 雨水 / 河水

雨水、河水等天然水最好也不要让狗狗长期饮用。

不是因为这些水里有细菌的缘故，最主要是因为现在的环境污染，这些水中往往含有大量的重金属以及有害化学物质。如果你所在地区的自然环境非常好，没有环境污染，那么这些天然水当然是可以让狗狗饮用的。

1.4 果汁

鲜榨的果汁，主要是考虑一个量的问题。在鲜榨果汁中会含有大量糖分，这对于狗狗来说是不健康的。对于人类来说，也同样如此。只是同样喝一杯果汁，狗狗的每千克体重会比人类摄入更多糖分。如果仅仅是让狗狗偶尔尝尝，当然没有问题。

如果你是出于增加营养的目的，想给狗狗喝鲜榨果汁，那么，给狗狗自制狗饭时，用苹果等水果作为碳水化合物的来源，或者直接给狗狗吃几块水果当零食，比给它们喝果汁要好得多，还能同时让狗狗摄入膳食纤维。

瓶装的果汁，就更加不建议给狗狗当水喝了，因为里面除了大量的糖分，还含有防腐剂等食品添加剂。不过，偶尔尝一口也是可以的。

1.5 茶水

茶叶中含有多种对人体有益的化学成分，主要包括茶多酚、维生素、矿物质、氨基酸等。茶多酚具有杀菌、抗病毒、抗氧化、除臭、抗过敏和消炎等功效，有利于犬类健康的。维生素、矿物质、氨基酸对犬类也同样是有益的。

我曾经看过一篇报道，说杭州的龙井村有一只十几岁的大狼狗，平时就吃剩菜剩饭，身体特别好。十几岁了还每年要找"女朋友"，村里的狗几乎都是它的后代。报道上还说，它长寿健康的原因可能和村民经常把喝剩的茶水倒给它吃有关。且不说喝茶是否一定是"老寿星"长寿健康的原因，但这篇报道至少说明了两件事：1."老寿星"经常喝茶。2."老寿星"喝了茶并没有中毒。此外，在韩国宠物营养师金泰希写的《狗狗饭食》一书中甚至有一道用绿茶水煮肉的食谱。这两个例子都证明给狗狗吃适量的茶是可以的。

前文"哪些食物狗狗不能吃"部分讲到过，虽然茶叶中含有咖啡因和茶碱，过量食用会让狗狗中毒。但是，茶叶中的茶碱对狗狗的影响几乎可以忽略不计。如果不是给体重在1千克以下的幼犬一次喝一大杯茶，或者给成年犬喝大量浓茶的话，咖啡因的含量一般不会达到中毒剂量。

结论：如果狗狗爱喝，可以经常给它喝点淡的绿茶水，作为天然漱口水。如果不爱喝，就不要勉强。

1.6 可乐等其他饮料

绝大部分的饮料中都含有大量的糖分和各种食品添加剂，因此不建议给狗狗饮用。就是人类自己，也最好不要经常喝！当然，在非常特殊的情况下，例如狗狗渴得快中暑了，而主人身边只有一瓶饮料，能否给狗狗喝上几口呢？当然是可以的！不过在带狗狗外出时，主人最好还是备好充足的清水，避免发生此类情况吧！

无论如何，请不要给狗狗喝可乐等碳酸饮料，因为那会在胃部产生大量气体，容易引起狗狗胀气，甚至胃扭转，带来生命危险！

2 喝多少水

关于狗狗每天喝多少水合适，虽然我们可以根据食物中的含水量、新陈代谢所产生的水分等做出一个比较科学的计算，但是，对于大多数"狗爸狗妈"来说，毕竟不是专业人员，这样的计算可能会有些困难，而且也没有必要。我的经验是：

2.1 家里常备一碗清水，让狗狗随时可以喝到。最好能计量

中大型犬的话，一般只要做到常备一碗水就可以了。

对于狗狗通常一天喝多少水最好做到心中有数。如果狗狗饮水量突然不明原因地增加，很有可能是一些疾病的征兆，例如糖尿病、肾炎、子宫蓄脓等。如果平时能了解狗狗的正常饮水量的话，就能及早发现异常情况。

我的做法是每天早上给水碗里倒满一碗水，中途不加水，等狗狗把水碗里的水基本喝完再添满。你也可以用一个有刻度的容器装满足够的水，随时用这个容器给狗狗的水碗加水，到了晚上再计算容器中喝掉的水量。

2.2 观察小便

　　有些狗狗，尤其是一些玩具犬和小型犬，主动喝水比较少。主人应观察狗狗小便的量、颜色和气味。如果量少、颜色呈深黄色、气味也比较重，就说明喝水量不够。如果量比较大、颜色呈浅黄色、气味较淡，说明狗狗喝水量已经够了，就不用担心。

3 怎样才能让狗狗多喝水

如果发现狗狗不太爱喝水，主动摄入的水分不足，应设法让狗狗多喝水。以下三招可以让狗狗摄入足够的水分：

3.1 给狗狗喝"饮料"

可以根据狗狗的口味，在水里加少量牛奶或狗食罐头中的食物，或者用少量鸡翅尖/肉骨头等煮点肉汤（稍微有点肉味就行）。通常狗狗会很爱喝。要注意的是，这类有味道的"饮料"，最好一次让狗狗喝完，不要剩在碗里，以免变质。

3.2 用自制狗饭、生骨肉代替狗粮

对于不爱喝水的狗狗，尽量少给它吃狗粮，多吃自制狗饭，并在食物中多加些汤汁。还可以多给狗狗吃些生骨肉，因为生骨肉中的水分含量也比狗粮高得多。

3.3 多运动

此外，增加狗狗的运动量，多让狗狗到户外去奔跑，也能让狗狗多喝水。

现在市场上，宠物用的营养保健品种类繁多，琳琅满目，往往让人无所适从。到底该不该给狗狗吃点保健品呢？

总的原则

如果狗狗一切正常且膳食营养均衡，那么一般没有必要吃营养保健品！其中，膳食的营养均衡是指狗狗以正规厂家生产的优质狗粮为主食，或者以根据本书"自制狗饭的原则"制作的自制狗饭为主食，而不是长期以某种单一的食品为主食。

这不但是因为营养品的价格都比较高，更是因为有时候服用不当反而会对狗狗的健康不利。

市场上的宠物营养保健品主要分为以下几大类：

维生素、矿物质类

营养膏

美毛粉、海藻粉

去泪痕产品

关节保健产品

调理肠胃产品

深海鱼油

维生素、矿物质类

要慎用

动物对维生素和矿物质的需求量很小，过多摄入反而对健康不利。

过多的矿物质可能会导致狗狗体内矿物质的失衡，因为某些矿物质相互之间为竞争关系，某种矿物质吸收过多就意味着另一种矿物质会吸收过少。

过多的维生素A会储存在肝脏中，造成维生素A中毒。过量的维生素D也同样会储存在肝脏中，随着时间的推移，也会造成严重后果，导致骨骼问题等。桑迪耶·阿伽在《小动物营养学》一书中指出"营养元素缺乏相对比较容易治疗和纠正，但过量造成的损害就要严重得多，而且也比较难治疗。"

如果狗狗的饮食是均衡的，含有多种食物成分，那么一般是不会发生维生素和矿物质缺乏的，无须额外添加。饮食的多样性可以确保狗狗摄入绝大多数的维生素和矿物质。

1.1 维生素、矿物质综合补充剂

长期给狗狗吃单一品种的食物

例如只吃肉类，才有必要给狗狗额外补充维生素和矿物质。如果是这种情况的话，我强烈建议最好是尽快调整狗狗的饮食结构，而不是长期靠补充剂来弥补。

长期营养不良的流浪犬

对于这类狗狗，可以按医嘱先服用一个阶段的维生素、矿物质补充剂，同时提供营养均衡的膳食。

1.2 钙片

下列情况下，可以在咨询医生后给狗狗短期服用这类补充剂：

正如前面提到的，"某些矿物质相互之间为竞争关系：某种矿物质吸收过多就意味着另一种矿物质会吸收过少"。身体对钙磷的吸收就受到饮食中钙磷比例的影响。提高饮食中钙的含量会限制磷的吸收，反之亦然。而钙磷比例的失调，会引起狗狗的一系列疾病，例如佝偻病、骨质疏松、异食癖等。理想的钙磷比例为1：1至1.5：1。

如果随意给狗狗服用不含磷的钙补充剂，反而会导致膳食不平衡，造成磷的相对缺乏，导致食欲不振、生长停滞、发情异常、骨骼发育异常等问题。

有些主人喜欢给幼犬补钙，但如果补得不恰当的话，可能会导致幼犬尤其是大型犬和巨型犬的幼犬骨骼发育异常，造成不可逆转的后果。因此，给幼犬补钙一定要格外慎重。如果饮食正常的话，还是不补为好。

理想的钙磷比例为1：1至1.5：1

下列情况下需要给狗狗补钙:

给狗狗吃的自制狗饭以肉/内脏为主，从不或者极少喂骨头

这种情况会发生相对缺钙的情况，因为这些食物中含有足够的磷，而钙的含量却较少。这时可以给狗狗适当补充一点钙片。但同样地，更希望主人能调整狗狗的饮食结构，而不是长期补充钙片。

哺乳期母犬

这个时期的母犬因为泌乳的影响，对矿物质尤其是钙磷的需求会增加。因此可以适当补充含磷的钙片。

老年犬

老年犬对钙的吸收能力会降低，体内钙质流失，容易导致骨质疏松，可以适当补充含磷钙片。

但总的来说，食物补钙比药物补钙更安全，不会引起钙过量。所以，尽量不要长期给狗狗服用钙片，最好还是食补，例如在食物中添加蛋壳粉，或者补充生骨肉等。此外，在补钙的同时要注意多让狗狗晒太阳，帮助钙质吸收。

1.3 微量元素片

矿物质包括宏量元素和微量元素，狗狗需要从膳食中摄取的微量元素包括铜、碘、铁、锰、硒、锌。如果狗狗的饮食均衡，是不太会发生微量元素缺乏的。相反，微量元素过量，也会导致严重后果。例如铜元素过量，就会在肝脏中积蓄，导致"铜积蓄症"，最终造成狗狗中毒死亡。

有些狗狗会吃大便，很多商家会说这是微量元素缺乏引起的"异食癖"，并建议主人给狗狗服用微量元素片。事实上，绝大多数狗狗吃大便并非病态，而是遗传的原因或者是一些行为的因素导致的。因为丛林里竞争激烈，食物匮乏，找不到正常的食物时，狗的祖先——狼只好吃动物粪便，靠其中残留的营养成分维持生命。所以，虽然如今的宠物狗大多过着"锦衣玉食"的优越生活，却还没有"忘本"。此外，如果狗狗在家里随地大便被主人打骂，就有可能会造成狗狗吃自己的粪便以避免主人责罚的行为。这些都需要通过行为纠正来改变，而不是简单地服用微量元素。

一般只有极度营养不良的狗狗才可能会缺乏微量元素。除非经过医生诊断，否则请不要随意给狗狗服用微量元素片。

2 营养膏

2.1 营养膏的主要成分

营养膏是一种高热量、高营养、易吸收的膏状产品，包装看起来像牙膏管，使用起来很方便，只要挤出一小段给狗狗直接舔食即可。因为适口性好，大多数狗狗都很爱吃。

营养膏的主要成分是氨基酸（蛋白质分解后能为身体所直接利用的形式）、脂肪酸（脂肪分解后能为身体所直接利用的形式）、维生素和矿物质。

2.2 正常狗狗长期服用营养膏有什么坏处

同样地，一切健康的狗狗是不需要服用营养膏的！否则容易造成挑食、营养过剩、肥胖、上火（表现为眼睛分泌物增加）等问题。如果把营养膏当成主食吃，更是会导致狗狗咀嚼能力以及消化功能退化、肠胃黏膜脆弱敏感、胃液或胃动力不足等严重问题；还会影响牙齿发育，导致唾液分泌减少、口腔细菌滋生等。

2.3 什么情况下需要给狗狗服用营养膏

营养膏中的营养成分都是不需要经过消化系统消化就可以直接吸收利用的，能快速给狗狗补充热量和营养，因此特别适合下列情况：

需要大量热量和营养却又无法从正常饮食中完全满足需求的狗狗，例如体能消耗特别大的比赛犬和工作犬、怀孕及哺乳期母犬、手术及病后恢复期的犬、消化功能变差的老年犬等。

要说明的是，有些主人在给健康的狗狗做了绝育手术后也要给它吃营养膏"补补"，其实是完全没有必要的。因为绝育对于健康狗狗来说只是个小手术，狗狗完全可以通过正常的饮食满足身体的营养需求。

3 美毛粉、海藻粉

3.1 成分和作用

美毛粉的主要成分是：海藻、维生素、矿物质、蛋白质、卵磷脂、鱼油等。它的主要作用是美毛、黑鼻头。

3.2 关于美毛

健康、闪亮的毛发其实是狗狗整体健康的反应。所以，如果发现狗狗毛发异常脱落、干枯无光泽，首先要检查是否有健康方面的问题。

其次，毛发的主要成分是蛋白质，如果狗狗的食物中蛋白质含量过低，毛发就会稀少、干枯。

如果排除了健康问题，就应该检查一下给狗狗吃的食物，是否缺乏优质蛋白质。

狗狗身体健康，饮食正常（优质狗粮或者均衡的自制狗饭），那么是不需要吃美毛粉的。

♪.♪ 关于黑鼻头

狗狗的鼻子一般是乌黑发亮的，有些品种的狗狗则天生就是浅色的。对于天生就是浅色的鼻头，是没有办法使其变黑的。

天生黑鼻头的狗狗，有时也会出现黑鼻头褪色的情况。

鼻子褪色的原因有很多，有的是因为黑色素沉积发生了问题；有的则称为"雪鼻"，在冬季缺乏日照的时候颜色变浅，而到了夏季又会自动变黑；有的是因为对于吃饭或者饮水的塑料器皿过敏；还有的是因为外伤或者遗传因素等造成的。

其中，只有因为黑色素沉积发生问题而导致褪色的鼻子，可以通过服用B族维生素及维生素C加以改善。这正是号称有黑鼻头作用的海藻粉或者美毛粉中的有效成分，但最多也只能起到改善作用。我家留下小时候鼻子乌黑发亮，不知道从什么时候开始鼻子褪色。6岁的时候给它买了海藻粉，连吃了两个月，当时没有任何改善。后来发现鼻子上略微增加了一点黑色，不知道是不是海藻粉的效果。如果你遇到了同样的情况，那么要做好心理准备，海藻粉黑鼻头的效果可能不如广告中宣称的那么好。

此外，购买美毛粉或者海藻粉一定要挑选可靠的品牌，有些产品中含有激素，对狗狗有害。还有些含有钙等矿物质，正如前面提到的，一般情况下不要给狗狗药物补钙。所以，如果单纯想美毛、黑鼻的话，最好挑选纯天然的、成分简单的产品。

4 去泪痕产品

有些狗狗会在眼睛周围出现两道深色的泪痕，看上去很不美观，尤其是对于毛色浅的狗狗来说。

过多的眼泪溢出眼眶，会湿润毛发而滋生酵母菌，随后，酵母菌与泪水中易氧化的乳铁蛋白作用，就会在眼睛周围的毛发上形成红棕色的泪痕。

泪痕形成的原因

首先应寻找原因，排除疾病因素。

此外，泰迪等小型犬有泪痕的常见原因就是吃狗粮，喝水又太少！如果喝水太少，那么应该先设法增加饮水量，观察泪痕是否有改善。

还有的是因为品种原因，例如京巴、博美、比熊、贵宾等。这些狗狗的眼睛大，眼睛周围的毛长，很容易有毛发进入眼睛，对眼睛造成刺激而分泌较多的眼泪。对于这类狗狗，应定期将眼睛周围的毛剪短。

发现狗狗眼泪较多，或者已经有泪痕

对于因为品种原因眼泪较多、容易形成泪痕的狗狗，可以选用天然安全的去泪痕产品。但是，如果主人有时间的话，只要及时擦拭眼泪、清洁眼睛周围的毛发，就不容易形成深色泪痕了。

去泪痕产品的功能：清洁、去垢、抑菌

5 关节保健产品

软骨素和葡糖胺，是患关节炎和其他退行性关节病动物的膳食补充剂。

适用症状

如果狗狗有突然跛脚或者是膝盖骨异位、椎间盘突出等症状，可以补充软骨素和葡糖胺。

但是，关于骨骼方面的问题，最好先到宠物医院请医生确诊之后，再根据医嘱服用这类膳食补充剂。不要自己随意买给狗狗服用，以免贻误病情。

6 调理肠胃产品

一般为益生菌或者益生元。

6.1 益生菌

所谓益生菌是指活的、天然有益菌种，口服后会在肠道中增殖，从而改善肠道中的微生物系统，恢复或者维持正常的肠道功能。

当肠道菌群遭到严重破坏时，服用益生菌最为有用。例如狗狗进行抗菌治疗以及狗狗患有严重体内寄生虫，都会抑制肠道正常的菌群数量，并且有可能会创造出有利于致病菌繁殖的肠道环境。此时服用益生菌能补充损失的"好细菌"。

　　益生菌产品有许多。常见的有枯草杆菌、肠球菌二联活菌多维颗粒剂（妈咪爱）、酵母片（也称"食母生"）、双歧杆菌三联活性胶囊（培菲康）和酸奶等。

　　益生菌产品的效果取决于其中所含的益生菌种类以及数量。由于这些活性菌在经过胃部时，会有很大一部分被胃液杀死，因此只有数量足够多，才能有一部分益生菌最终活着到达肠道，并在那里进行繁殖。而酸奶中益生菌的数量通常是远远达不到治病的需要的，所以不要指望用酸奶来补充益生菌治病。

　　在挑选益生菌产品时，请注意是否含有以下四种益生菌：

乳酸杆菌
能抑制"坏细菌"繁殖。

嗜热链球菌
有助于缓解乳糖不耐受，因为它能产生分解乳制品所需要的乳糖酶。

粪肠球菌
能有效治疗腹泻。

双歧杆菌
能产生乳酸和醋酸，从而有效降低肠道pH；能刺激免疫系统，有效破坏癌细胞。

　　益生菌需要碳水化合物才能有效发挥作用，因此，请确保狗狗的食物中有适量碳水化合物。

6.2 益生元

在肠道菌群中，所有"好细菌"都有一个共同特点，就是擅长利用可发酵纤维。而那些"坏细菌"，包括致病菌和腐败菌，则不太善于利用可发酵纤维。因此，身体所摄入的可发酵纤维会使"好细菌"的数量增加，而"坏细菌"的数量相对减少。

益生元就是那些能使肠道菌群向有利于有益微生物方向发展的物质。可发酵纤维，尤其是果寡糖，是最有效的益生元，能有效增加肠道内"好细菌"的数量。如果肠道内有益微生物的繁殖速度无法超过有害微生物的繁殖速度，那么，服用益生菌所产生的效果只能是暂时的。而益生元则为肠道内"好细菌"数量能长期超过"坏细菌"数量打下了基础。因此，要获得最佳疗效，最好在服用益生菌的同时，补充益生元。

虽然益生菌和益生元产品对于肠道健康有好处，但并不是所有的肠道问题都可以通过它们来解决。例如，同样是狗狗腹泻或者大便不成形，有可能是过食引起的，这时就需要减少喂食量；也有可能是细菌感染引起的，这时可能需要服用抗生素；还有可能是因为缺乏相应的消化酶，无法完全消化所摄入的食物，这时最好是在饭前喂食多酶片之类的消化酶；甚至还有可能是胰腺功能障碍，需要及时治疗和限制脂肪以及蛋白质的摄入……

"狗爸狗妈"一定要先搞清楚原因，再对症下药，而不是简单地给狗狗服用益生菌或者益生元产品。

7 深海鱼油

深海鱼油含有EPA、DHA等ω-3系列不饱和脂肪酸，对于改善狗狗皮肤过敏、增加毛发的光泽、改善各种炎症（如关节炎）、提高身体免疫力等有很大好处。

如果狗狗的毛发粗糙无光泽，或者经常到处抓挠、脱毛甚至反复感染湿疹，那么除了保持环境清洁干燥，采取正常的治疗之外，可以适当补充一点深海鱼油。

但是，给狗狗服用深海鱼油，要按照标明的剂量服用，过量服用反而会造成维生素E缺乏等不良反应。

现在野生三文鱼很少，宠物用的鱼油产品都是用养殖三文鱼提炼的，会含有很多食品添加剂，所以，不要给狗狗长期服用鱼油。

在修改书稿的最后阶段，我把书中所有的食谱逐个做了一遍，以便进行必要的修改。这段时间，我每天请家里的"毛孩子"吃大餐，还顺便请邻居家的狗狗、我的"干儿子"邱邱一起参加这场美食派对。在这之前，1岁的邱邱只吃过狗粮。看邱邱吃得那么开心，以前连喂狗粮都要劳驾自动喂食器的"邱邱妈"竟然主动开始给邱邱自制美食了！

Kimi"爸爸"和Wanaka & 小米"妈妈"是我的老读者，这次特意请他们帮忙试读书稿，并提出修改意见。在试读的过程中，他们分别发来消息，告诉我已经开始给kimi和Wanaka改善伙食了。在看我的书之前，Kimi"爸爸"认为狗狗就是只能吃颗粒狗粮。而Wanaka"妈妈"虽然以前也给Wanak吃过自制狗饭，但因为不了解狗粮的坏处，加上工作忙，所以后来又给Wanaka改吃了狗粮。现在，他们都已经开始尝试给他们的狗狗吃点自制饭食了。

希望借这本书能改变更多宠物主人"宠物只能吃宠粮"的观念，从而改变狗狗的"狗生"，让它们过得更健康、更幸福！

狗狗的一生只有短短的十几年，相遇是缘，希望大家能够对狗狗不离不弃，做一个负责任的主人。同时也希望越来越多的人能够接受并宣传**"领养代替购买"**的理念，让这个世界少一些可怜的繁殖犬，并让更多的流浪犬能够找到幸福的家。

狗模特"仙儿"，是被繁殖场扔出来的繁殖犬。2014年被现在的"妈妈"章妹妹救助时，浑身皮包骨头，毛发稀少，一身的皮肤病。经过精心治疗调理，现在丰乳肥臀、毛发浓密。然而，繁殖场的无序繁殖，让仙儿患上了严重的妇科病，到目前为止已经做了三次手术。所以，在此我再次呼吁大家"请以领养代替购买"！

附录：参考书目

[1] Tom Lonsdale. *Raw Meaty Bones Promote Heath*. Rievtoo P/L Australia, 2001.

[2] Sandie Agar. *Small Animal Nutrition*. Burlington Butterworth-Heinemann. 2001.

[3] Linda P. Case MS. *Canine and Feline Nutrition*. New York. Mosby. 2010.

[4] Pat Lazarus. *keep Your Dog Healthy the Natural Way*. Minnesota. Fawcett Books. 1999.

[5] Mark Poveromo. *To your Dog's Health!*. Poor Man's Press. 2010.

[6] Paris Permenter and John Bigley. *The Healthy Hound Cookbook*. Avon. Adams Media, 2014.

[7] 杨久仙，刘建胜. 宠物营养与食品. 北京：中国农业出版社，2007.

[8] 丁丽敏，夏兆飞主译.犬猫营养需要.北京：中国农业大学出版社，2010.

[9] 王天飞. 好狗粮是怎样炼成的. 天津：天津教育出版社，2010.

[10] 许婉玫主编. 亲手为狗狗做美食. 南京：江苏科学技术出版社，2010.

[11] 金泰希. 狗狗饭食. 北京：中国画报出版社，2013.

[12]《宠物医生手册》编委会. 宠物医生手册. 沈阳：辽宁科学技术出版社，2009.